在草苫上加
盖浮膜保温

轨道式卷帘机

棚膜面上拴一些清
尘布条，布条随风
左右摆动，自动清
除棚膜上的灰尘

温室前裙膜卷起
后，覆盖防虫网

越夏栽培覆盖遮阳网

红克拉

特小凤

月　光

2

黑　宝

黄皮京欣一号

迷你红玉　　　　　　　　　　　南　辉

西瓜穴盘育苗

翠黄玉

地膜全盖栽培

吊蔓栽培

双蔓整枝　　　　　　　　　用塑料绳吊蔓

西瓜吊蔓栽
培田间状况

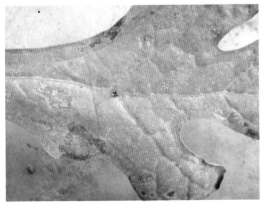

西瓜霜霉病叶

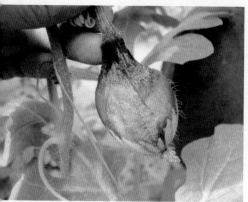

西瓜灰霉病果

西瓜疫病

西瓜疫病叶

西瓜蔓枯病叶

西瓜蔓枯病

西瓜病毒病

西瓜细菌性果斑病

西瓜细菌性果斑病叶

西瓜蚜虫为害

西瓜红蜘蛛为害

西瓜缺钾症

西瓜缺镁症

西瓜缺钙症

西瓜畸形果

寿光菜农科学种菜丛书

寿光菜农日光温室西瓜高效栽培

编著者

魏家鹏　韩　冰　夏文英

张东东　胡永军

金盾出版社

内 容 提 要

本书由山东省寿光市农业局魏家鹏高级农艺师等编著。内容包括日光温室的设计与建造,西瓜新优品种选择,日光温室西瓜育苗技术、多茬次栽培技术、土壤障碍控防技术、肥水管理技术、栽培管理经验与新技术、病虫害防治技术等8章。该书贴近西瓜生产实际,突出科学性、实用性和可操作性,内容新颖,文字通俗易懂,适合广大农民、蔬菜专业户、蔬菜基地生产者和基层农业技术人员阅读,亦可供农业院校相关专业师生参考。

图书在版编目(CIP)数据

寿光菜农日光温室西瓜高效栽培/魏家鹏等编著. -- 北京:金盾出版社,2011.6
　(寿光菜农科学种菜丛书)
　ISBN 978-7-5082-6923-8

Ⅰ.①寿… Ⅱ.①魏… Ⅲ.①西瓜—温室栽培 Ⅳ.①S627.5

中国版本图书馆 CIP 数据核字(2011)第 044727 号

金盾出版社出版、总发行
北京太平路 5 号(地铁万寿路站往南)
邮政编码:100036 电话:68214039 83219215
传真:68276683 网址:www.jdcbs.cn
封面印刷:北京蓝迪彩色印务有限公司
彩页正文印刷:北京金盾印刷厂
装订:海波装订厂
各地新华书店经销
开本:850×1168 1/32 印张:7 彩页:8 字数:158 千字
2011 年 6 月第 1 版第 1 次印刷
印数:1~10 000 册 定价:12.00 元

前　言

山东省寿光市农民种菜虽然有着较悠久的传统,但真正以种植蔬菜闻名全国则是在 20 世纪 80 年代中期。20 世纪 80 年代初,寿光市三元朱村农民在党支部书记、全国优秀共产党员、2009 年被评为"感动中国人物"之一的王乐义同志的带领下,率先试验成功了冬暖式大棚(日光温室)蔬菜生产,从而推动了一场遍及全省乃至全国的"绿色革命"。继而寿光市成为中国最大的蔬菜生产基地,光荣地被国家命名为惟一的"中国蔬菜之乡"。全市蔬菜常年种植面积达到 5.33 万公顷(80 万亩),总产量达到 40 亿千克,其中日光温室蔬菜面积达到 2.67 万公顷(40 万亩)。寿光市种植蔬菜收入超过当地农业收入的 70%。

寿光市蔬菜生产发展的经验可以总结出许多条,但最根本的经验是依靠科学技术种菜。寿光菜农重视学习蔬菜种植技术,重视总结经验,不断探索和提高蔬菜种植技术水平,因而能不断提高种植效益。特别是近几年,涌现出了不少新典型,摸索和创造出不少新的技术。在寿光市蔬菜生产发展的新形势下,金盾出版社邀请我们围绕"科学种菜"这个主旨,编写一套寿光农民深入开展科学种菜的丛书。为此,我们在市有关部门的支持下,组织市农业局部分农技人员和乡镇一线农业技术人员深入田间地头和农户家中,了解、收集和总结近年来菜农在蔬菜生产中遇到的疑难问题、新的栽培技术和经验以及新的栽培模式,编写了寿光菜农科学种菜丛书。丛书分为《寿光菜农日光温室番茄高效栽培》、《寿光菜农日光温室茄子高效栽培》、《寿光菜农日光温室辣椒高效栽培》、《寿光菜农日光温室黄瓜高效栽培》、《寿光菜农日光温室苦瓜高效栽培》、《寿光菜农日光温室丝瓜高效栽培》、《寿光菜农日光温室冬瓜高效栽培》、《寿光菜农日光温室西葫芦高效栽培》、《寿光菜农日光温室西瓜高效栽培》、《寿光菜农日光温室菜豆高效栽培》10 个分册。丛书力求反映寿光菜农最新种菜技术和经验，力求贴近生产，深入浅出，重视实用性和可操作性；在语言表述上力求简明扼要，通俗易懂。

最后，需要特别说明的是，我们不揣冒昧，在丛书中向广大读者介绍了寿光菜农独创的一些"拿手技术"，虽然这些技术与传统专业书中介绍的有不同之处，但是有它合理和实用的一面，对农民朋友种植蔬菜或许将起到交流、启发和借鉴作用。同时，我们期待将这些体会和做法在生产实践中不断验证、提炼和完善，不断上升到科学的高度。

由于编者水平所限，书中疏漏、不妥之处甚至错误之处在所难免，敬请专家和广大读者批评指正。

丛书编委会

2010 年 9 月

目　　录

第一章 日光温室的设计与建造

一、日光温室的设计与建造原则

(一)建造日光温室要因地制宜

寿光的日光温室是根据寿光地理气候的自然条件建立并根据实际情况不断改进和完善的一种模式。有些地区不分地域模仿寿光的模式建造日光温室,是造成日光温室采光性、保温性与实种面积不协调,使蔬菜生产陷入困境的重要原因。

各地建造日光温室时,要根据当地经纬度和气候条件,对日光温室的高度、跨度以及墙体厚度等做好调整,以适应当地条件。如东北地区建造的日光温室如果与山东省寿光市一样,那么日光温室内的采光性和保温性将大为不足;而南方地区的日光温室建造如果与寿光一样,则日光温室的实种面积将受到限制。因此,建造日光温室要根据寿光的经验做到因地制宜。

1. 正确调整日光温室棚面形状和日光温室宽与高的比例 日光温室棚面形状及日光温室棚面角是影响日光温室日进光量和升温效果的主要因素,在进行日光温室建造时,必须从当地实际条件出发,合理选择设计方案。在各种日光温室棚面形状中,以圆弧形采光效果最为理想。

日光温室棚面角指日光温室透光面与地平面之间的夹角。当太阳光透过棚膜进入日光温室时,一部分光能转化为热能被棚架和棚膜吸收(约占10%),另一部分被棚膜反射掉,其余部分则透过棚膜进入日光温室。棚膜的反射率越小,透过棚膜进入日光温室的太阳光就越多,升温效果也就越好。最理想的效果是:太阳垂直照射到日光温室棚面,入射角是零,反射角也是零,透过的光照强度最大。简单地说,要使采光、升温与种植面积较好地结合起来,日光温室宽和高的比例就要合适。不同地区合适的日光温室高与宽的比例是不同的。经过试验和测算,日光温室宽与高的比值可以用下面的公式来计算:

日光温室宽∶高=ctg 理想日光温室棚面角

理想日光温室棚面角=56°—冬至正午时的太阳高度角

冬至正午时的太阳高度角=90°—(当地地理纬度—冬至时的赤纬度)

例如,山东省寿光市在北纬36°~37°,冬至时的赤纬度约为23.5°(从数学角度看,北半球冬至时的赤纬度应视作负值),所以寿光市合理的日光温室宽与高比按以上公式计算为2~2.1∶1。河北中南部、山西、陕西北部、宁夏南部等地纬度与寿光市相差不大,日光温室宽∶高基本在2~2.1∶1。江苏北部、安徽北部、河南、陕西南部等地,纬度较低,多在北纬34°~36°,冬至时的太阳高度角大,理想日光温室棚面角就小,日光温室宽∶高也就大一些,为2.2~2.4∶1。而在北京、辽宁、内蒙古等省(直辖市、自治区),纬度较高,在北纬40°地区,日光温室宽∶高也就小一些,为1.8~1.9∶1。建造日光温室要根据当地的纬度灵活调整。

2. 确定合适的墙体厚度 墙体厚度的确定主要取决于当地的最大冻土层厚度,以最大冻土层厚度加上0.5米即可。如山东省最大冻土层厚度为0.3~0.5米,墙体厚度0.8~1米即可。辽宁、北京、宁夏等地的最大冻土层厚度甚至达到1米,墙体厚度需适当加厚0.3~0.6米,应达1.3~2米。江苏北部、安徽北部、河南等地,最大冻土层厚度低于0.3米,墙体厚度在0.6~0.8米即可满足要求。如果墙体厚度薄了,保温性差;厚了,则浪费土地和建造日光温室的资金。

在寿光市大跨度半地下日光温室开发设计中,为增加保温贮热能力和便于建设施工。墙体一般基部为 3.5 米以上,顶部在 1.5 米左右,墙体内侧基本砌成与栽培床面垂直的墙面,外侧呈斜坡,由于建墙大量的用土来自于栽培床面,使床面挖深达 100 厘米左右。通过几年实践证明,由于墙体的加厚,贮热能力加大,墙体的增高,使温室前坡面采光角度增大,增温效果显著,并且通过下挖充分利用了地温,在冬季比非地下温室温度增高 3℃～5℃,蔬菜在外界－27℃的严寒地带照常生长良好。

3. 确定合适的日光温室间距　日光温室建造的方位应坐北面南,东西延长,这样日光温室内光照分布均匀。两个日光温室之间如距离过大,则浪费土地;过近,则影响日光温室光照和通风效果,并且固定日光温室棚膜等作业也不方便。

理论上,前、后两个温室之间的距离应为多少米,前面的温室才不会遮到后面的温室,是由前面温室的高度和当地冬至时太阳高度角所决定的。冬至时太阳高度角最小,同样的墙体对后面的地块遮荫最多,所以应以当地冬至时太阳高度角来计算。

以寿光市为例,冬至时太阳高度角为 29.5°,其余切值就是 1.762。它表示前排温室最高点的地面投影到后排温室最前端的距离与前排温室最高点的高度加草苫捆直径的和的比值为 1.762。所以两个温室之间不遮荫的最小距离＝(前排温室最高点的高度＋草苫捆的直径)×1.762－前排温室最高点的地面投影到北墙体外缘的距离。

举例说明,假如前排温室的最高点高度为 5 米,所用草苫捆直径是 1 米。前排温室最高点的地面投影到北墙体外缘的距离为 6 米。那么建温室时两温室间不遮荫的最小距离就是(5＋1)× 1.762－6＝4.572 米。

在实际应用中,前排温室墙体后缘到后排温室前缘的合适距离为不遮荫最小距离加一个修正值 K,K 的具体大小可根据情况自定,K 值大,后排温室光照好,但土地利用率低;K 值小,土地利用率高,但后排温室光照相对较差。在山东、河北等省 K 值通常为 1.2～1.6 米,前排温室墙体后缘到后排温室前缘的合适距离为 5.8～6.2 米。

(二)设计和建造日光温室需要注意的问题

在设计日光温室时,必须依据地理纬度、气候条件、场地面积、地形等自然情况,处理好日光温室的总体尺寸关系,使总体尺寸关系处于适宜范围,才能使日光温室具有采光性强、保温性好、节能和经济实用的独特优点。高度、跨度、长度配合得当,则采光角度和前后坡水平宽度比例适当,采光增温和贮热保温性能都好,日光温室内范围也得当,既能减轻山墙遮荫的影响,也易于控制调节日光温室温度,又有利于作物生长发育和便于人们对作物栽培的管理。

老式的"低档日光温室"棚体过矮、过窄、过小,不便于操作,再加上空气相对湿度大,菜农长期于日光温室内劳动作业,容易患"日光温室综合征"(主要症状是腰、腿痛和肩背不舒服)。20 世纪 80 年代的日光温室大都是高 3 米、跨度为 8 米、长为 50～60 米的泥坯墙体,这种日光温室低矮、空间小,二氧化碳变化大,夜间饱和,白天上午 11 时以后就会缺乏,导致昼夜温差过大,空气相对湿度大,冬季西瓜生长容易发病。

但日光温室过长,也有缺点:一是日光温室过长、过宽,面积越大,温度升得慢,降得也慢,昼夜温差过小,营养消耗大,不利于西瓜增产;二是日光温室过长,有的东西山墙相隔半里路,运输采摘西瓜时极不方便。

建日光温室的标准不仅要了解地理纬度,还需要了解当地土层厚度等条件。如半地下日光温室只适于土层深厚、地势高燥、地下水位较深的地区,而对于土层薄、或地势低洼、或地下水位浅的低纬度地区(如安徽、江苏淮阴),则不适宜建造。

寿光市日光温室适宜跨度为 9~12 米,墙体厚度为 1.5~4 米,日光温室内作业道(包括水沟)50~70 厘米。不同纬度的地区后墙高度也不一样。可根据日光温室棚体特点采取改进措施:一是采用适宜的日光温室棚面角度。采光由日光温室棚面角度和透光率决定,日光温室棚面角度越大,透光率越高,升温越快;二是选用优质农膜;三是增前坡,缩后坡。如脊高 3 米的日光温室,跨度以 8 米为宜,其中前坡水平宽度以 6 米左右为宜;四是改变日光温室不适当的朝向;五是对于棚体过大过长的日光温室,可于其长度中间设一道内山墙,或用棚膜将其一分为二隔开,这样一来提温快,二来便于操作。

(三)日光温室选址应遵循的原则

日光温室选址要遵循以下原则。

①选地势开阔、平坦,或朝阳缓坡的地方建造日光温室,这样的地方采光好,地温高,浇水方便、均匀。②不应在风口上建造日光温室,以减少热量损失和风对日光温室的破坏。③不能在窝风处建造日光温室,窝风的地方应先打通通风道后再建日光温室,否则,由于通风不良,会导致作物病害严重;同时,冬季积雪过多,对日光温室也有破坏作用。④建造日光温室以沙质壤土为最好,这样的土质地温高,有利于作物根系的生长。如果土质过黏,应加入适量的河沙,并多施有机肥料加以改良。如土壤碱性过大,建造日光温室前必须施酸性肥料加以改良,才能建造日光温室。⑤低洼内涝的地块不能建造日光温室,必须先挖排水沟后再建日光温室;地下水位太高,容易返浆的地块,必须多垫土,加高地面后才能建造日光温室;否则,地温低,土壤水分过多,不利于作物根系生长。⑥建造日光温室的地点水源要充足,交通方便,有供电设备,以便于温室的管理和产品运输。

二、寿光日光温室的结构设计与建造

就骨架材料而言,目前寿光市推广的日光温室分为标准型和普通型两种。标准型为单立柱钢筋骨架结构,前坡采用钢管钢筋拱架,无前立柱和中立柱,只有后立柱,后立柱多为钢管。普通型为多立柱钢木混合结构,内设6~7排水泥立柱,采用镀锌管做拱梁,竹竿做拱杆。就跨度而言,寿光市日光温室有 9.5 米、10.2米、11.0 米、11.4 米、12.1 米多种形式;就立柱而言,寿光市日光温室分为单立柱结构、六立柱结构、七立柱结构等 3 种结构。目前,寿光市推广面积最大的日光温室棚型主要有六立柱 114 型日光温室、七立柱 121 型日光温室、单立柱 110 型日光温室 3 种。

(一)六立柱 114 型日光温室

1. 结构参数

①温室下挖 1 米,总宽 15.4 米,后墙外墙高 3.4 米,山墙外墙顶高 4.7 米,墙下体厚 4 米,墙上体厚 1.5 米,作业道加水渠宽 0.6 米,种植区宽 10.8 米。结构为土压墙体,钢筋竹竿混合式拱架。

②立柱 6 排,一排立柱(后墙立柱)长 6.1 米,地上高 5.3 米,至二排立柱距离 1 米。二排立柱长 6.3 米,地上高 5.5 米,至三排立柱距离 2 米。三排立柱长 6.1 米,地上高 5.3 米,至四排立柱距离 2.6 米。四排立柱长 5.3 米,地上高 4.5 米,至五排立柱距离 2.8 米。五排立柱长 4 米,地上高 3.2 米,至六排立柱距离 3 米。六排立柱(前立柱)长 1.8 米,地上高 1 米。

③采光棚面平均角度为 23.1°左右,后棚面仰角 45°。前立柱与第五排立柱之间、第五排立柱与第四排立柱之间和第四排立柱与第三排立柱之间的平均切线角度,分别为 36.3°、24.9°和 17.1°左右。

2. 剖面结构图 见图 1-1。

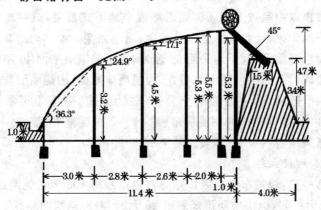

图 1-1 六立柱 114 型日光温室结构图示

3. 建 造

(1)建造墙体 采用推土机和挖掘机相配合的方法建造墙体。将 20 厘米深的熟化土层(阳土)推向棚址南侧,待墙体建完后,整平温室地面后阳土再回棚。建墙体的关键是土壤的湿度和墙体的上土厚度。如果打墙前土壤湿度较小,在动工前 5～7 天围墒 30～40 厘米,浇足水,以确保建墙质量。每层的上土厚度是保证墙体质量重要的保障措施,在土壤湿度合适的情况下,地平面以上墙体高度为 3.4 米,一般需要 8～10 层土,每层土都要反复碾压,压一层用挖掘机再加一层土。如此反复,一直把墙体碾压到要求的高度。

把反复压实的墙体雏形用推土机将上口推平,后墙体外墙高度为 3.4 米。沿墙内侧先划好线,用挖掘机切去多余的土,随切随平整地面。墙体后坡形成自然坡。墙体建成后,墙基高 4 米,上口宽 1.5 米。东、西山墙也按相同方法砌好,两山墙顶部靠近后墙中心向南 2.4 米处再起高 1.3 米,建成山墙山顶。山顶向南 0.6 米、

2.6米、5.2米、8米处高度分别为4.5米、4.3米、3.5米、2.2米，使山墙顶以南呈拱形面。砌完后形成半地下式温室，温室地面低于地平面1米，反复整平温室地面后，阳土回棚。温室前约3米长的地面也要推平，低于地平面60厘米，高于温室地平面40厘米。

墙体内侧的多余墙土要切齐，为使墙体牢固，内侧墙面与地面要有一个倾斜角，一般轻壤土为80°较为适宜，砂壤土可掌握在75°～80°。温室地平面用旋耕犁旋耕1～2次后整平、整细。后墙的外侧采用自然坡形式，坡面要整平。

(2)埋设立柱

第一步：规划布线。以日光温室内东西向100米长为例，按照3.5米为一间，地块中间可规划出28大间，温室东西两端剩下各1米的两小间。按照此规划，分别用卷尺测量出每一间的具体位置，而后南北向进行布线。

第二步：定"标尺"。"标尺"是指用于其他立柱埋设时参照的标准立柱。一般是以温室东西两端的立柱作为"标尺"。以寿光市建造温室为例，温室后墙内高4.4米，选用的各排立柱高度分别为：第一排加重立柱6.1米（偏北斜5°）、第二排加重立柱6.3米（直立）、第三排立柱6.1米（偏南斜3°）、第四排立柱5.3米（偏南斜5°）、第五排立柱4米（偏南斜5°）。在选好立柱之后，再根据布线图，分别把温室东西两端的两列立柱埋设好即可。立柱的下埋深度均为80厘米。

第三步：分次埋柱。以温室东西两端的"标尺"为准，按照由外到内的顺序进行依次埋柱。其方法是：埋设第一排立柱时，先将用于第一排的立柱，从其上端往下测量并标记出3米的位置。然后，在"标尺"立柱（从其上端往下）3米处东西向拉一条标线，立柱埋设后，标线要与立柱的3米标记处重合。按照此方法，再埋设第五排立柱，最后，埋设其他各排立柱。

(3)处理后坡　要抓好以下5个要点。

要点一:埋设后砌柱。在整平温室后墙顶部后,东西向拉线,分别确定后砌柱的埋设点。先将温室内后墙根处的第一排立柱埋设好,而后分别再把温室东端和西端的两根后砌柱(每根长2米)摆放在第一排立柱位置之上,并稍加固定,待确定好其与水平线的夹角后,再把后砌柱埋设好,并用铁丝将其与第一排立柱相连接。然后,在埋设好的两根立柱下方按东西向拉1条工程线,以作参照。其余后砌柱便按照同样的方法,依次埋设好即可。后砌柱的一端要伸出第一排立柱约40厘米,以备安装温室骨架。后砌柱的另一端埋入墙内约20厘米。

要点二:铺拉钢丝。首先在温室一端的底部埋设地锚,然后拴系好钢丝,将其横放在后砌柱之上,并每间隔1根后砌柱捆绑1次,最后将钢丝的另一端用紧线机固定牢。钢丝间距10~15厘米。

要点三:覆盖保温、防水材料。第一步,选一宽为5~6米、与温室同长的塑料薄膜,一边先用土压盖在距离后墙边缘20厘米处,而后再将其覆盖在"后屋面"的钢丝温室棚面上。温室棚面顶部可再东西向拉一条钢丝,固定塑料薄膜的中间部分。第二步,把事先准备好的草苫或苇箔等保温材料(1.8米宽)依次加盖其上,注意保温材料的下边缘要在塑料薄膜之上。第三步,为防雨雪浸湿保温材料,需再把塑料薄膜剩余部分"回折"到草苫和毛毡之上。

要点四:上土。从温室一端开始,使用挖掘机从温室后取土,然后将土一点点地堆砌在"后屋面"上,每加盖30厘米厚的土层,可用铁锹等工具稍加拍实。另外,要特别注意上土的厚度,以不超过温室屋顶为宜,且要南高北低。

要点五:"护坡"。在平整好"后屋面"土层后,最好使用一整幅塑料薄膜覆盖后墙。温室屋顶和后墙根两处东西向各拉一根钢丝将其固定。

(4)处理前坡

①建造前坡面　在两山墙前坡上各放置两排直径为6厘米左

右的木棒作垫木,并填草泥使木棒埋入山墙内。

②架置横杆和拱杆　在前斜立柱上端槽口处顺东西方向依次绑好横杆,横杆是直径5厘米的钢管。同时绑好南北坡向的拱杆,拱杆是用长14.5米左右、直径5厘米的钢管。拱杆应呈拱形,并紧紧嵌入各排立柱顶端的槽口中,用12号铁丝穿过立柱槽口下边备制孔,把拱杆绑牢固。拱杆与横杆衔接处要整平整,并用废旧塑料薄膜或布条缠起来,以防扎坏棚膜。绑好后的所有拱杆必须保持在同一拱面上。

③上前坡钢丝　钢丝在拱杆上间隔30厘米均匀铺设,并拉紧固定在两山墙外边的地锚备接铁丝上。最靠近温室屋顶部的一根钢丝与后立柱上后砌柱顶端处钢丝之间的距离约为20厘米。拱杆上与拉紧钢丝交叉处用12号铁丝绑牢。

④绑垫杆　在拉紧的钢丝上要绑上垂直于拉紧钢丝的细竹竿,即垫杆。垫杆是用直径2厘米左右、长2～3米的细竹竿,几根细竹竿接起来,接头一定要平滑,从温室前缘一直到棚顶,并用细铁丝紧绑于东西向拉紧的钢丝上。相邻垫杆的间距为60厘米左右。

⑤粘接塑料棚膜　一般选用幅宽为3米、厚度为0.11毫米的4块聚氯乙烯功能滴膜,热压缝5厘米粘成整体棚膜,在整体棚膜覆盖顶部的一边粘上一道2厘米的"裤","裤"里穿上22号钢丝,以备上棚膜后,通过东西拉紧钢丝,固定天窗通风口的宽度,防止棚膜松动。在"裤"下方8米处再粘合一道"裤",裤里穿上22号钢丝,作为下通风口的固定钢丝用,以防止下通风口通风时棚膜松动。另用2～3米宽、与温室一样长的塑料膜,在一个边都粘合上一道2厘米宽的"裤",穿上22号钢丝,作为盖敞天窗通风口用。

⑥上棚膜　选择晴朗、无风、温度较高的天气,于中午进行上膜。上膜之前先把塑膜抻直晒软,然后用长7米、直径5～6厘米的4根竹竿分别卷起棚膜的两端,再东西同步展开放到温室前坡

架上。当温室屋顶和前缘的人员都抓住棚膜的边缘,并轻轻地拉紧对准应盖置的位置后,两端的人员开始抓住卷膜杆向东西两端方向拉棚膜,把棚膜拉紧后,随即将卷膜竹竿分别绑于山墙外侧地锚的钢丝上。在上棚膜时,由上坡往下坡展顺膜面,在顶部留出80～100厘米宽与温室等长的天窗通风口不盖整体膜。上完整体棚膜,随即上天窗通风口敞盖膜,将其有裤鼻的一边放在南边(即天窗通风口南边),先把穿在裤鼻里的14号钢丝连同薄膜一块轻轻地抻展开,当此膜压在整体膜上方靠南20厘米处(即盖过天窗通风口),拉紧固定在两山墙的地锚上。其后边盖过温室棚脊并向后盖过后坡将其拉紧,用泥巴盖在后坡及温室棚脊上的一边压住,并将泥抹严。在此通风口钢丝上分段设置上5～6组(三间长设1组,每组3个滑轮)敞盖天窗膜的滑轮,以便于顶部通风用。

⑦上压膜线　采用专用的尼龙绳压膜线压棚膜。按前坡拱形面长度加150厘米截成段备用。在上压膜线之前,应事先在温室前东西向每隔1.2米处备置好1个地锚,以备拴系压膜线。并将其埋在紧靠温室前角外,深度40厘米。上压膜线时,上端拴在温室棚脊之后东西向拉紧的钢丝上,拉紧到一定程度后,下头拴在前角外的地锚上。温室上好压膜线后,由于垫杆向上支撑棚膜,而压膜线于两垫杆中间往下压棚膜。

(5)上草苫　草苫一般用稻草和尼龙绳编织而成,稻草苫的长度一般是在温室棚脊至前窗底脚处地面的长度上再加长1.5米。草苫的厚度和宽度因不同气候、不同地理纬度而不同,在北纬39°～41°的严寒地区,一般草苫为6厘米厚,1.1～1.3米宽。在北纬36°～38°的地区,一般草苫的厚度为5厘米左右、宽度1.3～1.5米。在北纬35°以南地区,一般草苫厚3～4厘米、宽1.4～1.5米。每床草苫的重量为50～100千克。上草苫的方法有两种:一种是在温室屋顶的后边有一道东西向拉紧的钢丝把草苫从后坡搬至温室屋顶后部,一端固定在钢丝上,同时在草苫底下固定两根套拉草苫的拉绳,每根拉绳的长度应为草苫长度的 2 倍再加长 2 米,拉绳最好是尼龙防滑绳或麻绳,以便于放、拉草苫;另一种是把草苫搬在温室前,从棚面上铺上温室屋顶,顶部固定在后坡钢丝上。草苫的覆盖方法也有两种:一种是从东至西依次摆放,覆盖时采取覆瓦状,即西边一床草苫的东边压着相邻东边一床草苫的西边 10 厘米,从温室的后坡顶部覆盖到前坡前窗脚前的地面。最西边草苫的西边,要用一条尼龙绳或麻绳从后坡顶部至前坡前窗脚压紧,防止大风揭帘;另一种是从东至西先隔 1 个草苫覆盖 1 个草苫,盖到温室西边后,再由西到东把未覆盖处用草苫覆盖,使其两边压着相邻草苫的相邻边。现在电动卷帘机的使用已普及,在使用电动卷帘机时上草苫的方法基本与第二种方法相同。

(二)七立柱 121 型日光温室

1. 结构参数

①温室下挖 1 米,总宽 16.1 米,后墙外墙高 3.6 米,后墙内墙高 4.6 米,山墙外墙顶高 5 米,墙下体厚 4 米,墙上体厚 1.5 米,内部南北跨度 12.1 米,作业道设在温室内最南端(与其他棚型相反),也可设在温室内北端,作业道加水渠宽 0.6 米,种植区宽 11.5 米。

②立柱 7 排,一排立柱(后墙立柱)长 6.4 米,地上高 5.6 米,至二排立柱距离 1 米。二排立柱长 6.6 米,地上高 5.8 米,至三排立柱距离 2 米。三排立柱长 6.4 米,地上高 5.6 米,至四排立柱距离 2 米。四排立柱长 5.8 米,地上高 5 米,至五排立柱距离 2.2 米。五排立柱长 5 米,地上高 4.2 米,至六排立柱距离 2.4 米。六排立柱长 3.8 米,地上高 3 米,至七排立柱距离 2.5 米。七排立柱(戗柱)长 1.8 米,地上与棚外地平面持平,高 1 米。

③采光屋面平均角度为 23.1°左右,后屋面仰角 45°。前立柱与六排立柱间、六排立柱与五排立柱间、五排立柱与四排立柱间和

四排立柱与三排立柱间的平均切线角度,分别为38.7°、26.6°、20.0°和16.7°左右。

2. 剖面结构图　见图1-2。

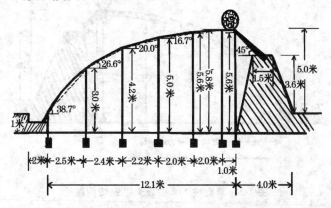

图1-2　七立柱121型日光温室结构图示

3. 建造　依据结构参数,参照六立柱114型日光温室建造技术进行建造。

(三)单立柱110型日光温室

1. 结构参数

①单立柱钢筋骨架结构日光温室,下挖1米,总宽15米,内部南北跨度11米,后墙外墙高3.4米,后墙内墙高4.4米,山墙外墙顶高4.7米,墙下体厚4米,墙上体厚1.5米,作业道和水渠设在温室内最北端,作业道加水渠宽0.6米,种植区宽10.4米。

②仅有后立柱,种植区内无立柱。后立柱地上高5.3米。

③采光屋面参考角平均角度为23.1°左右,后屋面仰角为45°左右。前窗与距前窗檐3米处、距前窗檐3米处与距前窗檐5.8米处、距前窗檐5.8米处与距前窗檐8.4米处的平均切线角度分

别为 36.3°、24.9°和 17.1°左右。

2. 剖面结构图 见图 1-3。

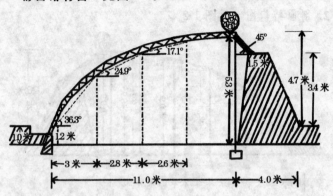

图 1-3　单立柱 110 型日光温室结构图示

3. 建　造

(1)建造墙体　同六立柱 114 型日光温室。

(2)预制墙顶　墙体砌好后,从顶部内缘平铺一层 0.06 厘米的塑料薄膜,一直铺到外墙底部,以防止漏雨浸垮墙体。在内墙墙缘向北 0.6 米处,东西向每 1.5 米埋一块预埋铁块,以备焊接铁梁用。

(3)埋设后立柱基座　每隔 1.5 米在紧靠后墙体内侧挖一个 0.3 米×0.3 米×0.4 米深的坑预制水泥基座,并预埋铁块以便焊接后立柱用。

(4)焊制钢架拱梁　①温室内每隔 1.5 米设钢架拱梁 1 架,100 米长的温室共计设 66 架拱梁。②焊制前坡拱梁要选取国标 3.96 厘米(1.2 寸)镀锌管与 3.3 厘米(1 寸)镀锌管焊成双弦(或 3 弦)拱架,用 6.5 毫米钢筋拉花焊成直角形。主要采光面平均角为 23.1°。③找一平整场地,根据日光温室宽度、高度和前坡棚面角角度,在地面做一模型,在模型线上固定若干夹管用的铁桩,根据模型焊制钢梁,这样既标准又便利,钢架采用上、下两层镀锌管,中间焊接三角形圆钢支撑柱,上层受力大用 3.96 厘米(1.2 寸)钢管,下层用 3.3 厘米(1 寸)钢管,焊好待用。

(5)前缘埋设钢梁预埋件　在日光温室前缘按设计宽度东西向砌直并垂直于日光温室栽培面,夯实地基,东西向每隔 1.5 米(与后立柱对齐)埋设一个预埋件,以备安装时焊接钢梁用。

(6)焊接立柱　用直径为 8.25 厘米(2.5 寸)的钢管做立柱,在栽培面以上 5.3 米东西向每隔 1.5 米焊接 1 根在立柱基座上,焊接时向北倾斜 5°,加大支撑后坡的压力与重力,立柱上端顺前坡方向焊接 7 厘米长的 5 厘米×5 厘米角铁一块。

(7)制后坡上棚架　截取 1 米长的 5 厘米×5 厘米角铁 1 根在立柱顶端向下 0.9 米处南北焊接,南端焊在立柱上,北端焊在后墙预埋件上;再截取 1 根 1.8 米长的 5 厘米×5 厘米角铁,上端焊在立柱顶端,下端焊接在后墙预埋件上,后坡形成等腰三角形(即后坡角度为 45°);顺东西向沿立柱上端外侧焊接 1 根 5 厘米×5 厘米角铁,东西两端焊接于两山墙预埋件上,以此向下在 1.8 米长的角铁上等间距焊接 2 根相同的角铁。后坡焊好后即可上拱梁,拱梁南北向后端焊接在立柱顶端 7 厘米长的 5 厘米×5 厘米角铁上,下缘焊于立柱上,前端焊接于前墙预埋件上。注意一定要使钢梁向下垂直地面,南北向垂直于后墙。

(8)拉钢丝　拉钢丝的方法同六立柱 114 型日光温室。

(9)上后坡　在北纬 34°~38° 地区,后坡保温采用 10 厘米厚聚氨酯泡沫板,长度以上端扣在上部角铁内,下部放在后墙顶部为宜。为节约建棚费用,在纬度 34°以南地区,由于天气较暖,保温板可适当薄一些,而在纬度 38°以北地区要加厚。保温板铺好后放一层钢网、水泥预制板 10 厘米厚,也可用水泥板替代预制板,但是水泥板易开裂不利于防水。

(10)上棚膜和上草苫　膜下垫杆捆扎,上棚膜和上草苫同六立柱114型日光温室。

三、日光温室保温覆盖形式

(一)日光温室保温覆盖的主要方法

1. 塑料薄膜(浮膜)＋草苫＋日光温室薄膜　简称"两膜一苫"覆盖形式,在山东省寿光市统称"日光温室浮膜保温技术"。浮膜覆盖是日光温室深冬生产西瓜时,傍晚放草苫后在草苫上面盖上一层薄膜,周围用装有少量土的编织袋压紧。浮膜一般用聚乙烯薄膜,幅宽相当于草苫的长度,浮膜的长度相当于日光温室的长度,厚度为0.07～0.1毫米。

该覆盖形式有以下优点:①保温效果好,深冬夜间温室内温度盖浮膜的比不盖的高出2℃～3℃。②草苫得到保护,盖浮膜的日光温室比不盖的草苫能延长使用1～2年。③减轻劳动强度,过去在冬季夜晚,如果遇到雨雪天气,都要冒雨、冒雪到日光温室上把草苫拉起,防止雨水淋湿草苫或雪无法清除,如果盖上浮膜后再遇到雨雪天,可放心在家休息。

目前浮膜大都是普通的塑料膜,保温性能较差。寿光市的菜农在实践中发现一种"有色"浮膜,其浮膜正面为黑色,反面为白色,用起来效果很好,其优点是:太阳出来后,吸热快,浮膜上的霜冻融化得也快,能较早揭开草苫,增加温室内的光照时间,提高温室温度,有利于西瓜的生长。另外,该膜要比一般棚膜厚,抗拉性强,耐老化,价格也不是很贵。

此项技术起源于三元朱村,在寿光市科技人员的努力下,得到了很好的推广,目前有90%的日光温室用上了这项技术。

2. 塑料薄膜(浮膜)＋草苫＋日光温室薄膜＋保温幕　该覆盖形式是在"两膜一苫"覆盖形式的基础上,在日光温室内再增加一层活动的薄膜棚,利用两层农膜把温室内热量积聚起来,不易散发,从而提高保温性能,可较单一的"两膜一苫"覆盖形式提高温度3℃～5℃。这种保温覆盖形式主要用于深冬季节,特别是出现连续阴雪天气时,其他季节一般不用。在山东寿光市该覆盖形式统称"棚中棚"。"棚中棚"具体建造方法是:在温室内吊蔓钢丝的上部再覆上一层薄膜,薄膜覆上后用夹子将其固定;在日光温室前端距棚膜50厘米处,顺应日光温室膜的走向设膜挡住;在日光温室后端、种植作物北边,上下扯一层薄膜,其高度与上部膜一致,该膜不固定,以便于通风排湿。

"棚中棚"的管理与温室一样,晴天拉开草苫,当温室内温度不再明显下降时,要及时拉开二层内棚,寒流过后可把内棚全放开,以增加光照。"棚中棚"在管理中应注意早上不宜过早通风,要在温室内见光1小时后再考虑通风,一是增加光合作用强度,提高温室内二氧化碳利用率,使光合作用能顺利进行;二是晚通风,升温快,能降低温室内空气相对湿度,达到减轻病害的目的。在连续阴雨雪天时,温室内以保温为主,可不通风,但天气突然放晴时,要注意拉花帘缓慢通风,以免植株适应不了外界条件而出现萎蔫的情况,从而发生死棵现象。

3. 日光温室前脸设置三幅保温膜　在深冬季节,如何有效地进行温室保温呢?寿光市有经验的菜农在温室内设置了第二层膜("棚中棚"),效果良好。可是,温室前脸处由于没有墙体的保护,到了夜间,易与外界空气和土层发生热量交换,使得该处降温幅度较大,不利于西瓜秧苗的正常生长。在温室前脸处设置三幅保温膜,很好地解决了保温问题。

第一幅膜:设置在最靠近温室前脸棚膜处,两者间距10厘米左右。第一幅膜采用幅宽为1.6米的白色地膜。在温室前脸处,先东西向拉一根细钢丝,注意要在垫杆下方。而后将薄膜的上边缘用胶带粘在钢丝上,上下拉紧后,用土将其下边缘压住。该膜的作用,一是可阻隔顺着棚膜流淌下的水滴蒸发,降低温室内湿度;二是形成隔层,减少温室内外的热量交换。

第二幅膜:设置位置在第一幅膜的内侧,两者之间同样间隔10厘米左右。该幅膜与温室内的第二幅膜一并设置,两膜即是设置在温室内吊蔓钢丝上的保温膜。同样,温室前脸处的两膜直接依次固定在南北向吊蔓钢丝上,其下边缘也用土压住即可。设置温室内两膜以后,西瓜秧苗就相当于处在一间平房内,从而增强了保温性。

第三幅膜:该膜处在二膜的内侧,为了设置方便,需用竹条搭设拱架,即竹条一头插在土里,另一头弯向北侧,最后捆绑在温室内立柱上。待竹条搭设好,便可在其上覆盖第三幅保温膜,上边缘用胶带粘,下边缘用土压。第三幅膜最好做成活动式的,白天可撤下以提高温度,夜间覆上保温。三幅保温膜具体设置方法见图1-4。

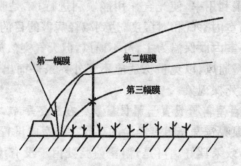

图1-4 日光温室前脸设置3幅保温膜图示

(二)棚膜的选择

目前日光温室的覆盖材料主要是塑料薄膜,其中最常用的棚膜按树脂原料可分为 PVC(聚氯乙烯)薄膜、PE(聚乙烯)薄膜和 EVA(乙烯-醋酸乙烯)薄膜3种。这3种棚膜的性能不同,PVC

棚膜保温效果最好,易粘补,但易污染,透光率下降快;PE 棚膜透光性好,尘污易清洗,但保温性能较差;EVA 棚膜保温性和透光率介于 PE 和 PVC 棚膜之间。在实际生产中,为增加棚膜的无滴性,常在树脂原料中添加防雾剂,PVC 棚膜和 EVA 棚膜与防雾剂的相容性优于 PE 棚膜,因而无滴持续时间较长。据调查,目前我国生产的 PE 多功能膜的无滴持续时间一般为 2～4 个月,PVC 和 EVA 棚膜可达 4～6 个月。当前,PE 棚膜应用最广,数量最大,其次是 PVC 棚膜,EVA 棚膜也开始试用。

生产中按薄膜的性能、特点,棚膜又分为普通棚膜、长寿棚膜、无滴棚膜、长寿无滴棚膜、漫反射棚膜和复合多功能棚膜等。其中普通棚膜应用最早,分布最广,用量最大;其次是长寿棚膜和无滴棚膜。近年来,长寿无滴棚膜也有了较快的发展。目前我国生产的棚膜主要有以下几种。

1. PE(聚乙烯)普通棚膜　这种棚膜透光性好,无增塑剂污染,尘埃附着轻,透光率下降缓慢,耐低温(脆化温度为 -70℃);密度小(0.92),相当于 PVC 棚膜的 76%,同等重量的 PE 膜覆盖面积比 PVC 膜增大 24%;红外线透过率高达 87%～90%,夜间保温性能好,且价格低。其缺点是透湿性差,雾滴重;不耐高温日晒,弹性差,老化快,连续使用时间通常为 4～6 个月。日光温室上使用基本上每年都需要更新,覆盖日光温室越夏有困难。PE 普通棚膜厚度为 0.06～0.12 毫米,幅宽有 1 米、2 米、3 米、3.5 米、4 米、5 米等规格。

2. PE 长寿(防老化)棚膜　在 PE 膜生产原料中,按比例添加紫外线吸收剂、抗氧化剂等,以克服 PE 普通棚膜不耐高温日晒、易老化的缺点。其他性能特点与 PE 普通膜相似。PE 长寿棚膜是我国北方高寒地区温室越冬覆盖较理想的棚膜,使用时应注意减少膜面积尘,以保持较好的透光性。PE 长寿膜厚度一般为 0.12 毫米,宽度规格有 1 米、2 米、3 米、3.5 米等,可连续使用

18～24 个月。

3. PE 复合多功能膜 在 PE 普通棚膜中加入多种特异功能的助剂,使棚膜具有多种功能。如北京塑料研究所生产的多功能膜,集长寿、全光、防病、耐寒、保温为一体,在生产中使用反映效果良好。在同样条件下,其夜间保温性比普通 PE 膜提高 1℃～2℃,每 667 米² 温室使用量比普通棚膜减少 30%～50%。复合多功能膜中如果再添加无滴功能,效果将更为全面突出。PE 复合多功能膜厚 0.06～0.08 毫米,幅宽有 1 米、1.5 米、2 米、4 米、8 米等规格,有效使用寿命为 12～18 个月。

4. PVC(聚氯乙烯)普通棚膜 透光性能好,但易粘吸尘埃,且不容易清洗,污染后透光性严重下降。红外线透过率比 PE 膜低(约低 10%),耐高温日晒,弹性好,但延伸率低。透湿性较强,雾滴较轻;比重大,同等重量的覆盖面积比 PE 膜小 20%～25%。PVC 膜适于作夜间保温性要求高的地区和不耐湿作物设施栽培的覆盖物。PVC 普通棚膜厚度为 0.08～0.12 毫米,幅宽有 1 米、2 米、3 米等规格,有效使用期为 4～6 个月。

5. PVC 双防膜(无滴膜) PVC 普通棚膜原料配方中按一定配比添加增塑剂、耐候剂和防雾剂,使棚膜的表面张力与水相同或相近,薄膜下面的凝聚水珠在膜面可形成一薄层水膜,沿膜面流入温室底部土壤,不至于聚集成露滴久留或滴落。由于无滴膜的使用,可降低温室内的空气相对湿度;露珠经常下落的减少可减轻某些病虫害的发生。更值得说明的是,由于薄膜内表面没有密集的雾滴和水珠,避免了露珠对阳光的反射和吸收,增强了温室光照,透光率比普通膜高 30% 左右。晴天升温快,每天低温、高温、弱光的时间大为减少,对设施中作物的生长发育极为有利。但透光率衰减速度快,经高强光季节后,透光率一般会下降至 50% 以下,甚至只有 30% 左右;旧膜耐热性差,易松弛,不易压紧。同时,PVC 无滴棚膜与其他棚膜相比,密度大,价格高。PVC 双防膜厚度为

0.12 毫米,幅宽有 1 米、2 米、3 米等规格,有效使用期 8～10 个月。

6. EVA 多功能复合膜　这是针对 PE 多功能膜雾度大、流滴性差、流滴持效时间短等问题研制开发的高透明、高效能薄膜。其核心是用含醋酸-乙烯的共聚树脂,代替部分高压聚乙烯,用有机保温剂代替无机保温剂,从而使中间层和内层的树脂具有一定的极性分子,成为防雾滴剂的良好载体,流滴性能大大改善,雾度小,透明度高,在日光温室上应用效果最好。EVA 多功能复合膜厚度为 0.08～0.1 毫米,幅宽有 2 米、4 米、8 米、10 米等规格。

(三)对草苫的要求及草苫的覆盖形式

1. 对草苫的要求

(1)草苫要厚　一般成捆的草苫平均厚度应不小于 4 厘米。

(2)草苫要新　新草苫的质地疏松,保温性能比较好。陈旧草苫质地硬实,保温效果差,不宜选用。另外,要选用用新草编制的草苫,不要选用陈旧草或发霉的草编制草苫。

(3)草苫要干燥　干燥的草苫质地疏松,保温性好,便于保存,而且重量轻,也容易卷放。

(4)草苫的密度要大　草苫密度大的保温性能好,最好用人工编制的草苫,不要用机器编制的草苫,机器编制的草苫多比较疏松,保温性差,也容易损坏。

(5)草苫的经绳要密　经绳密的草苫不容易脱把、掉草,草把间也不容易开裂,草苫的使用寿命长,保温性能也比较好。一般幅宽为 1.2 米的草苫,其经绳道数应不少于 8 道。

2. 草苫的覆盖形式　日光温室覆盖草苫,一般采用"品"字形覆盖法,即在覆盖草苫时,在温室棚面上呈"品"字形摆放,其中两个草苫在下,中间预留 30～40 厘米的空隙,待底层草苫覆盖完毕后,再在每两个草苫中间加盖一个草苫,以增强温室的整体保温效果。用此法覆盖的草苫,既方便人工拉放草苫,又适合使用卷帘机拉放草苫。

传统的草苫覆盖法,多为上面草苫压盖下面草苫,除了保温效果不及"品"字形覆盖法外,而且由于传统覆盖法是将草苫连接在一块,两个草苫之间重合面积小,一旦遇到大风,还易被逐个刮起。另外,传统覆盖法仅适合于人工拉放单个草苫,不适合使用卷帘机整体拉放草苫(卷帘机通过卷杆把所有草苫一块上卷,草苫采用传统覆盖法覆盖,使用卷帘机拉起后,易出现倾斜,危险系数增大)。

草苫"品"字形覆盖法的具体操作流程可分以下几步:第一步,布设固定钢丝。为了防止草苫下滑脱落,需在温室后墙上缘东西方向布设一条固定钢丝,将草苫一头固定在钢丝上。具体方法是:先在温室后墙的东西两侧埋设深50厘米的地锚,然后把钢丝一头拴在地锚扣上,另一头再用紧线机拉紧即可。第二步,摆放草苫。根据温室的长度和草苫的规格,确定使用草苫的数量。而后把所有草苫一一摆放在温室的后墙上待用。在一般情况下,宽度约1.6米的新草苫,两个成年人从温室东墙或西墙上便可将草苫抬放到温室后墙上。若使用2.5～3米宽的加宽草苫,这种草苫较重,不便于人工抬放,可以使用小型吊车,从温室的后面一一将草苫吊放上去。第三步,覆盖草苫。在草苫按照顺序摆放到温室后墙上后,先用铁丝将草苫的一头固定在东西方向的钢丝上,再一一把草苫沿着棚面滚放下来,呈"品"字形摆放。假若人工拉放草苫,宜提前把拉绳放在草苫下面;若使用卷帘机拉放草苫,在草苫摆放调整好后,将其下端固紧在卷杆上,而后开动卷帘机,试验一下拉放效果。若草苫出现倾斜,应先停止卷帘机,再进行调整,以防止发生意外事故。

3. 草苫的揭盖管理 草苫的揭盖直接关系到日光温室内的温度和光照。在揭盖管理上,应掌握在上午揭草苫的适宜时间,以有直射光照射到前坡面,揭开草苫后温室内气温不下降为宜。盖草苫的时间,原则上在日落前温室内气温下降至15℃～18℃时覆盖。正常天气掌握在上午 8 时左右揭,下午 4 时左右盖。一般雨雪天,温室内气温不下降就要揭开草苫。大风雪天,揭草苫后温室内温度明显下降,可不揭开草苫,但中午要短时揭开或随揭随盖。连续阴天时,尽管揭苫后温室内气温下降,仍要揭开草苫,下午要比晴天提前盖草苫,但不要过早。连续阴天后的转晴天气,切不可猛然全部揭开草苫,应陆续间隔揭开;中午阳光强时可将草苫暂时放下,至阳光稍弱时再揭开。雪天及时清扫草苫上的积雪,以免化雪后将草苫弄湿。在最寒冷天气,夜间温室内最低温度出现 10℃以下的低温时,应在草苫上再加盖一层旧薄膜或一层草苫,前窗加围苫。

四、寿光日光温室的主要配套设施

(一)顶风口

1. 顶风口的设置　日光温室前屋面上留出一条长、宽各约 50 厘米的通风带,通风带用一幅宽为 1～1.5 米的窄膜单独覆盖。窄幅膜的下边要折叠起一条缝,缝边粘住,缝内包一根细钢丝,上膜后将钢丝拉直。包入钢丝的主要作用,一是通风口合盖后,上下两幅膜能够贴紧,提高保温效果;二是开启通风口时,上、下拉动钢丝,不损伤薄膜;三是上、下拉开通风口时,用钢丝带动整幅薄膜,通风口开启的质量好,工效也高。

2. 通风滑轮的应用　过去的日光温室覆盖的棚膜为一个整体,通风时要一天几次爬到温室屋顶上去,既增加了劳动强度,又不安全;而通风滑轮的应用是 1 个日光温室上覆盖大、小两块棚膜,通过滑轮和绳索调节通风口的大小,既节约时间,又安全省事。

安装方法:将定滑轮 A 和 B 固定在窄幅膜下的温室棚架下方(在膜下面),定滑轮 C 固定在宽幅膜下的棚架上(在膜上面)。为保护棚膜,可把定滑轮 C 固定在压膜线上,把通风绳、闭风绳的一端均拴在窄幅膜下边的细钢丝上,最后将通风绳绕过定滑轮 A、闭风绳依次绕过定滑轮 B 和定滑轮 C 即可。通风时,拉动通风绳;闭风时,拉动闭风绳。平常为了预防通风口扩大或缩小,可把两绳拉紧,系在温室内的立柱或钢丝上(图 1-5)。

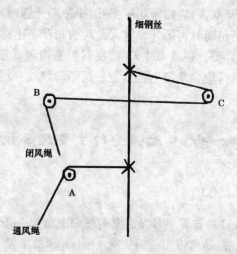

图 1-5　通风滑轮安装图示

3. 顶风口处设挡风膜　在冬季,尤其是深冬期,在日光温室通风口处设置挡风膜是非常必要的。其好处:一是可以缓冲温室外冷风直接从风口处侵入,避免冷风扑苗;二是因通风口处的棚膜多不是无滴膜,流滴较多,设置挡风膜可以防止流滴滴落在下面的西瓜叶片上。在夏季,挡风膜可阻止干热风直接吹拂在西瓜叶片上,减轻病毒病的发生。

挡风膜设置简便易行,就是在日光温室风口下面设置一块膜,长度和温室长相等,宽为 2 米,拉紧扯平,固定在日光温室的立柱和竹竿上,固定时要把挡风膜调整成北低南高的斜面,以便使挡风膜接到的露水顺流到日光温室北墙根的水渠内。挡风膜的设置位置如图1-6所示。

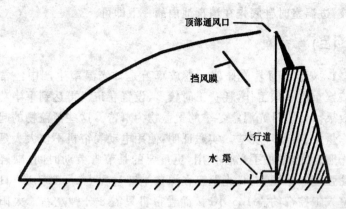

顶部通风口

挡风膜

人行道

水渠

图1-6 挡风膜的设置图示

挡风膜的安装方法是：将宽度为2米的挡风膜的两侧用粘膜机粘一个2～3厘米的"布袋"，然后上侧"布袋"中穿一根比温室长出6～8米的钢丝，固定在通风口下南边30～40厘米的地方，将钢丝固定在温室两头外侧的地锚上，用紧线机抻紧。接着，每隔15米使用铁丝将缓冲膜的钢丝与棚面上的钢丝或拱杆固定一下，防止缓冲膜中间下垂。缓冲膜下部使用与温室长度等长的钢丝，穿在缓冲膜"布袋"内抻紧，固定在温室内后侧的立柱上即可。

(二)消毒池

近年来，日光温室土传病害越来越严重，其中人为传播是重要原因。因为生产人员鞋底所带的病菌进温室后即可成为病原，引起土传病害的暴发，所以菜农在帮工时所穿的鞋若不注意杀菌消毒，会造成土传病害的传播。

寿光菜农在温室门口设置的消毒池，可对进入人员的鞋底进行消毒。消毒池的设置方法为：在温室门口设置一个长为50厘米、宽为40厘米、深为5～8厘米的池子，池内放置高锰酸钾等消毒液，进温室时鞋底先在消毒池内蘸一下即可。

(三)卷 帘 机

1. 安装卷帘机的好处 卷放草苫是日光温室生产中经常而又较繁重的一项工作，耗费工时较多，设置卷帘机可达到事半功倍之效果。传统日光温室冬季的覆盖物为草苫。这些覆盖物的起放工作量大、劳动环境差。实践证明：使用电动卷帘机不仅大大延长了光照时间，增加了光合作用，更重要的是节省劳动时间，减轻了劳动强度。据调查，日光温室在深冬生产过程中，每667米² 日光温室人工控帘约需1.5小时，而卷帘机只需8分钟左右。太阳落山前，人工放帘需用1小时左右。由此看来，每天若用卷帘机起放草苫，比人工节约近2小时的时间，同时延长了室内宝贵的光照时间，增加了光合作用时间。另外，使用电动卷帘机对草苫保护性好，延长了草苫的使用寿命，既降低生产成本，同时因其整体起放，其抗风能力也大大增强。

目前，寿光市80%的日光温室安装了卷帘机。

2. 日光温室卷帘机类型 目前使用的卷帘机有两大类型：一种是前屈伸臂式，包括主机、支撑杆、卷杆三大部分，支撑杆由立杆和横杆构成，立杆安装在日光温室前方地桩上，横杆前端安装主机，主机两侧安装卷杆，卷杆随温室棚体长短而定；另一种是轨道式，包括主机、三相电动机、轨道大架、吊轮支撑装置、卷杆等构成。主机两侧安装卷杆，卷杆随温室棚体长短而定。

3. 屈臂式卷帘机安装步骤

第一步，预先焊接各连接活结、法兰盘到管上。根据温室长度确定卷杆强度(一般60米以下的温室用直径60毫米高频焊管、壁厚3.5毫米；60米以上的温室，除两端各30米用直径60毫米管外,主机两侧用直径 75 毫米、壁厚 3.75 毫米以上的高频焊管)和长度;卷杆上的齿轮间距 0.5 米,用高约 3 厘米的圆钢焊接而成。立杆与支撑杆的长度和强度:在机头与立杆支点在同一水平的前提下,立杆和支撑杆长度的总和等于温室内跨度加 5 米,支撑杆长度比立杆短 20~30 厘米;长度超过 60 米的日光温室一般支撑杆需用双管(图 1-7)。

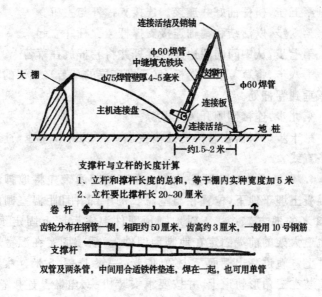

图 1-7 屈臂式卷帘机安装示意

第二步,草苫或保温被准备。草苫要求厚度均匀,长短一致,垂直固定于卷杆之上,并按"品"字形排列。注意草苫两边交错量要保持一致,若新旧草苫混用时一定要相间排列,尽量做到其左右对称,以免草苫卷动不同步和整体跑偏。

第三步,铺设拉绳。拉绳的作用是用来减轻卷帘机自身重量和卷动作用力对草苫的不良影响。拉绳的合理使用直接关系着草苫的使用寿命和机器的同步与跑正,拉绳的一端固定于温室顶地锚钢丝上,另一端固定于温室下卷帘机的卷轴上,要求每条拉绳工作长度及松紧度保持一致,统一标准。

第四步,在温室前正中间,距温室1.5～2米处作立杆支点,用直径60毫米、长80厘米左右焊管与立杆进行"T"形焊接作为底座立在地平面,并在底座南侧砸2根圆钢以防止往南蹬走。

第五步,横杆铺好并连接。连接支撑杆与主机。

第六步,以活结和销轴连接支撑杆与立杆并立起来。

第七步,从中间向两边连接卷杆并将卷杆放在草苫上。

第八步,将草苫绑到卷杆上(只绑底层的草苫),上层的草苫自然下垂到卷杆处。

第九步,连接倒顺开关及电源。

第十步,试机,在卷得慢处垫些旧草苫以调节卷速,直至卷出一条直线。

4. 轨道式卷帘机安装步骤 在安装前两天先将地脚预埋件用混凝土埋于地下,位置在温室总长的中部并且距温室棚面前方2～3米的地方。并在正对地脚预埋件温室后墙上固定预埋件。将轨道大架的前端固定在地脚预埋件上,后端固定在温室后墙预埋件上。轨道高出棚面至少70厘米,一般1～1.5米。然后将机头安装在三角形轨道上,并按要求安装机头、电器及连接卷轴(图1-8)。草苫的铺放和试机等同屈臂式卷帘机。

5. 操作方法 由下往上卷帘时,将开关拨到"顺"的位置,卷帘到预定位置时,将开关拨回"关"的位置。由上往下放帘时,将开关拨到"倒"的位置,放帘到预定位置时,将开关拨回"关"的位置。如遇停电,可将手摇柄插入手摇柄插孔进行人工摇动。顺时针摇动向上卷帘,逆时针摇动则向下放帘。

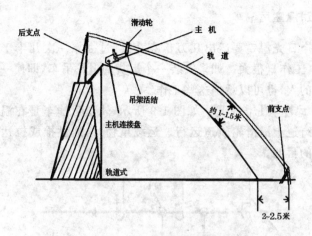

图 1-8 轨道式卷帘机安装示意

(四)棚膜除尘条

日光温室棚膜上的水滴、碎草、尘土等杂物会使透光率下降30%左右。新薄膜在使用过程中,随着使用时间的延长温室内光照会逐渐减弱。因此,要经常清扫,保持棚膜洁净,以增加棚膜的透明度。寿光市菜农在棚膜上设"除尘条"擦拭棚膜的方法简便易行,除尘条随风飘动,自动擦净棚膜,很有推广价值。

除尘条设置的方法是:在新上棚膜的日光温室上每隔1.2米设置一条宽6～10厘米、比棚膜宽度长0.5～1米的布条,两头分别系在温室上部通风口和温室前裙的压膜线上,利用风力使布条摆动除尘,这样布条不会对棚膜造成划伤。

由于布条中间摆幅最大,除尘率可达80%以上,两头摆幅最小,除尘率不足50%,所以菜农还要及时利用抹布将温室南北两端棚膜上的尘土擦去。

(五)温室运输车

一个日光温室要运出几万千克蔬菜,过去靠一次几十千克地往外提,工作量很大。如果安装一个运货的滑轮吊车,即使一个力气平常的人,也可以承担这些工作。

1. 运输车工作原理 如图1-9所示,轨道运输车是在温室后部的人行道上沿滑轮轨道运行。运载重物时,通过推或拉达到运输重物的目的。

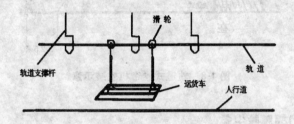

图1-9 日光温室运输车安装示意

2. 使用材料 滑轮直径6厘米,必须用钢材制作。经过试验,使用铸铁或塑料做的滑轮,承重力小,使用寿命短。滑轮与框架的连接件使用钢筋和钢管,钢筋直径1厘米,长20～30厘米。钢管内径25～30毫米,长100厘米,钢管与框架用钢筋电焊接。滑轮转轴与钢管之间用钢筋焊连接。运输车的框架可用内径15～20毫米的钢管,也可用4厘米×4厘米的角钢。四边框用电焊连接。框架中间再焊接2根钢管或角钢。也可不用框架,将连接滑轮的两条钢管均缩短至50厘米,并在两钢管下端焊接一横向钢管,在横向钢管下部焊接直径1厘米的钢筋挂钩。

轨道可设置单轨和双轨两种,单轨道用24号钢丝,双轨道用20号钢丝。轨道支撑杆由钢丝和窄钢板组成,钢丝型号为20号,窄钢板厚度为0.5厘米,宽3～4厘米,长40厘米左右,加工成

"凵"形状。

3. 轨道安装　轨道需要吊在温室内后部作业道的上空,距温室后墙的水平距离为 35 厘米,距地面的距离为 200 厘米。钢丝穿过温室两山墙,两端固定在附石(地锚)铁丝上,然后用紧线机紧好并固定牢靠。每间温室设置一轨道支撑杆,支撑杆由钢丝和"凵"钢板两部分组成,"凵"钢板较长端固定在钢丝上,另一端焊接在轨道下缘,且"凵"钢板两边要与轨道垂直,使滑轮正好从"凵"中间通过。钢丝的另一端固定在温室后坡支架上。将滑轮和框架安装在轨道上即可使用。

4. 使用年限　在正常情况下,日光温室轨道运输车可使用 10～20 年。

(六)阳 光 灯

因冬季光照弱、时间短,9 000～20 000 勒克斯光照时数仅有 6～7 小时,而西瓜要求 10 小时以上,才能达到最佳产量状态,所以,光照不平衡已成为当今制约日光温室冬春茬西瓜高产优质的主要因素。为了解决日光温室增产问题,寿光市引进了阳光灯技术,解决了冬季日光温室因光照带来的弱秧低产问题。

1. 阳光灯增产的原理　①促使西瓜长根和花芽分化。冬季西瓜常见的不良症状是龟缩头秧、徒长、茎细节长花弱、落花落果、畸形僵果、小叶、叶凋等,均系温度低和光照弱引起的病症。靠太阳光自然调节,少则 10 天半个月,多则 1～2 个月,才能缓解温度低带来的问题,严重影响产量和效益。在日光温室内安装阳光灯,其中的红、橙光促使西瓜扎深根,蓝、紫光促进花芽分化和生长,作物无障害生育,增产幅度可达 1～3 倍。西瓜有深根长果实、浅根长叶蔓的习性,补光长深根还可达到控秧促根、控蔓促果的效果。②提高西瓜秧的抗病、增产和优质作用。高产栽培十要素的核心是防病。种、气、土是病菌的载体;水、肥是病菌的养料;温度、密植是环境,惟有光是抑菌灭菌,增强植物抗逆性的生态因素。如果日光温室内温度提高 2℃,空气相对湿度下降 5%左右,光照强度增加 10%,病菌特别是真菌可减少 87%,因此冬季温室内消除病害,升温降湿,补光提高植物体含糖度,增强耐寒、耐旱及免疫力,是抑菌防病最经济实惠的办法;还能减少用药、用工等开支和产品污染程度,有利于生产无公害绿色食品。③延长日光温室作物光合作用效应。日光温室多在冬季应用,早上光适温低,下午温室西墙挡光,每天浪费掉 30~60 分钟的自然适光,日光温室建筑方位只能坐北向南,偏西 5°~9°。补光生产西瓜,日光温室可建成坐北向南偏东,太阳一出来,作物可很快进入光合作用适温和适光环境。下午气温在 15℃~20℃时,打开阳光灯补光 1~3 个小时,每天能将 5~7 个小时的适宜光合作用条件延长 1~3 个小时,增产幅度可提高 20%以上。

2. 阳光灯的安装　①阳光灯配套件为 220V/36W 灯管,配相应倍率的镇流器灯架,每天在无光时可照射 17 米² 面积,弱光时可照射 30~60 米²。灯管布局以温室内光的照度均匀为准,灯距被照射植株的高度以 1.5~2 米为宜。因太阳光受云层影响,时弱时强,西瓜需光强度为 1 万~8 万勒克斯,苗期和生育期有别。安装时,每个阳光灯都设开关,以便根据生物生长需求和当时光强度进行调节。②用 220V、50Hz 电源供电,电源线与灯总功率匹配。电源线用铜线,直径不小于 1.5 毫米,接头用防水胶布封严。

3. 应用方法　①育苗期,早上 7~9 时和下午 4~6 时开灯,与太阳光一并形成 9~11 小时的日照,培育壮苗。②在连阴雨天全天照射,可避免根萎秧衰。③结果期早上或下午室温在 15℃以上,但光照强度在 9 000~20 000 勒克斯以下时,便可开灯补光。

(七)反 光 幕

在日光温室栽培畦北侧或靠后墙部位张挂反光幕,有较好的增温补光作用,是日光温室冬季生产或育苗所必需的辅助设施。

1. 反光幕应用效果　①可明显增加温室内的光照强度,可增加光照 5 000 勒克斯,尤以冬季增光率更高。张挂反光幕的实践表明,反光幕前 0~3 米,地表增光率由近及远为 44.5%~9.1%,60 厘米空中增光率由高至低为 40.0%~9.2%。反光幕的增光率随着季节的不同而有差异,在冬季光照不足时增光率大,春季增光率较小;晴天的增光率大,阴天的增光率小,但也有效果。②可提高气温和地温。反光幕增加光照强度,明显地影响着气温和地温,反光幕 2 米内气温提高 3.5℃,地温提高 1.9℃~2.9℃。③育苗时间缩短,秧苗素质提高,同品种、同苗龄的幼苗株高、茎粗、叶片数均有增加。④改善了温室内小气候,增强了植株的抗病能力,减少农药使用及污染。⑤张挂反光幕日光温室的西瓜产量、产值明显增加,尤其是冬季和早春增效更明显。

2. 反光幕的应用方法　每 667 米^2 温室用量为 200 米^2。张挂镀铝聚酯膜反光幕的方法有单幅垂直悬挂法、单幅纵向粘接垂直悬挂法、横幅粘接垂直悬挂法和后墙板条固定法 4 种。生产上多随日光温室走向,面朝南,东西延长,垂直悬挂。张挂时间一般在 11 月末至翌年 3 月。最多延至 4 月中旬。张挂步骤如下(以横幅粘接垂直悬挂法为例):使用反光幕应按日光温室内的长度,用透明胶带将 50 厘米幅宽的 3 幅聚酯镀铝膜粘接为一体。在日光温室中柱上由东向西拉铁丝固定,将幕布上方折回,包住铁丝,然后用大头针或透明胶布固定,将幕布挂在铁丝横线上,使幕布自然下垂,再将幕布下方折回 3~9 厘米,固定在衬绳上,将绳的东西两端各绑竹棍一根固定在地表,可随太阳照射角度水平北移,使其幕布前倾 75°~85°。也可把 50 厘米幅宽的聚酯镀铝膜按中柱高度剪裁,一幅幅紧密排列并固定在铁丝横线上。150 厘米幅宽的聚酯镀铝膜可直接张挂。

3. 注意事项

第一，定植初期，靠近反光幕处要注意浇水，水分要充足，以免光强温高造成灼苗。使用的有效时间为 11 月份至翌年 4 月份。对无后坡日光温室，需要将反光幕挂在北墙上，要把镀铝膜的正面朝阳，否则膜面离墙太近，易因潮湿造成铝膜脱落。每年用后，最好经过晾晒再放于通风干燥处保管，以备再用。

第二，反光幕必须在保温达到要求的日光温室才能应用。如果温室保温不好，白天光靠反光幕来提高温室内的气温和地温虽然有效，但夜间难免受到低温的损害。因为反光幕的作用主要是提高温室后部的光照强度和昼温，扩大后部昼夜温差，从而把后部的西瓜增产潜力挖掘出来。

第三，反光幕的角度、高度需要随季节、西瓜生长情况等进行适当的调整。日光温室早春茬西瓜定植多在 12 月份至翌年 1 月份，此时植株矮小、地温低，影响缓苗，使用反光幕主要起到提高地温、促进缓苗的作用。冬季太阳高度角小，悬挂的反光幕一般较矮，贴近地面，以垂直悬挂或略倾斜为主。在西瓜植株长高后，植株叶片对光照的要求增加，尤其是早、晚光照较弱时，反光幕主要起到提高光合作用的目的。此时植株高、太阳高度角变大，悬挂反光幕也需要适当调整，反光幕底部位置提高到植株顶点附近，角度以底部略向南倾斜为宜，以保证上午 8:30～9:00 反射光线基本与地面水平为好。一般情况下，反光幕与地面应保持在 75°～85°角。进入 4 月份以后，随着气温逐步回升，光照充足，制约深冬西瓜生长的光照不足、气温偏低的问题已不存在，晴天时甚至会出现光照过强、温度过高的问题，此时反光幕也已完成了其作用，应及时撤掉。

(八)防 虫 网

防虫网覆盖栽培是一项能提高西瓜产量的实用环保型农业新

技术。通过覆盖在温室棚架上构建人工隔离屏障,将害虫拒之网外,切断害虫(成虫)繁殖途径,有效控制各类害虫,如菜青虫、菜螟、小菜蛾、蚜虫、跳甲、甜菜夜蛾、美洲斑潜蝇、斜纹夜蛾等的传播以及预防病毒病传播的危害,确保大幅度减少菜田化学农药的施用,使产出的西瓜优质、卫生,为发展生产无污染的绿色农产品提供了强有力的技术保证。

1. 防虫网的种类　防虫网是一种采用添加防老化、抗紫外线等化学助剂的聚乙烯为主要原料,经拉丝制造而成的网状织物。它与塑料布等覆盖物的不同之处在于网目之间允许空气通过,但能将昆虫阻隔于外界。防虫网的规格主要包括幅宽、丝径、颜色、网孔密度等内容。幅宽通常为 1~1.8 米,最大幅宽为 3.6 米;丝径范围是 0.14~0.18 毫米;颜色有白色、银灰色、黑色等,但以白色为多。如果为了加强遮光效果,可选用黑色或银灰色的防虫网避蚜虫效果更好。目前,生产上推荐适宜使用的目数是 20~40目,以 20 目、25 目、32 目最为常用。

2. 防虫网的作用

(1)防虫　　西瓜覆盖防虫网后,基本上可免除菜青虫、小菜蛾、甘蓝夜蛾、斜纹夜蛾、黄曲跳甲、猿叶虫、蚜虫等多种害虫的为害。据试验,防虫网对菜青虫、小菜蛾、美洲斑潜蝇防效为 94%~97%,对蚜虫防效为 90%。

(2)防病　　病毒病是西瓜的灾难性病害,主要是由昆虫特别是白粉虱传病。由于防虫网切断了害虫这一主要传毒途径,因此可大大减轻西瓜病毒的侵染,防效为 80% 左右。

3. 网目选择　购买防虫网时应注意孔径。在西瓜生产上使用的防虫网以 25~40 目为宜,幅宽 1~1.8 米。白色或银灰色的防虫网效果较好。防虫网的主要作用是防虫,其效果与防虫网的目数有关,目数即在 25.4 毫米见方的范围内有经纱和纬纱的根数,目数越多,防虫的效果越好,但目数过多会影响通风效果。防虫网的目数是关系到防虫性能的重要指标,栽培时应根据防止害虫的种类进行选用,一般在西瓜生产中多采用25～40目的防虫网。使用防虫网一定要注意密封,否则难以起到防虫的效果。

4. 覆盖形式 因夏季害虫多,日光温室前部和通风天窗最好安装25～40目的防虫网(图1-10),这样,既有利于通风,又可以防虫。为提高防虫效果,必须注意以下两点:一是全生长期覆盖。防虫网遮光较少,无须日盖夜揭或前盖后揭,应全程覆盖,不给害虫有入侵的机会,才能收到满意的防虫效果。二是土壤消毒。在前作收获后,要及时将前茬残留物和杂草清理出温室集中烧毁。全温室喷洒农药灭菌杀虫。

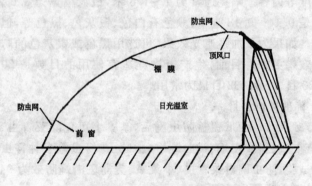

图1-10 日光温室防虫网覆盖方式

(九)遮 阳 网

遮阳网又称遮荫网、遮光网、寒冷纱或凉爽纱,是以聚烯烃树脂作基础原料,并加入防老化剂和其他助剂,熔化后经拉丝编织成的一种轻型、高强度、耐老化的新型网状农用塑料覆盖材料。

1. 遮阳网种类 常用的遮阳网有黑色、银灰色、黄色、蓝色、绿色等多种,以黑色、银灰色最普遍。黑色遮阳网的遮光度较强,适宜酷暑季节覆盖。银灰色的透光性较好,有避蚜和预防病毒的作用,适用于初夏、早秋季节覆盖。

遮阳网一般的产品幅宽为 0.9～2.5 米,最宽的达 4.3 米,目前以 1.6 米和 2.2 米幅宽的使用较为普遍。

2. 主要功用

(1)降低温室内气温及土温,改善田间小气候　使用遮阳网可显著降低进入日光温室内的光照强度,有效地降低热辐射,从而降低气温和地温,改善西瓜生长的小气候环境。一般使用遮阳网可使日光温室内的气温较外界降低 2℃～3℃,同时可有效地避免强光照对西瓜生产的危害。据测定,高温季节可降低畦面温度 4.59℃～5℃,在炎热夏天最大降温幅度为 9℃～12℃。

(2)改善土壤理化性状　雨季菜地经常变板结,但用遮阳网能保持土壤良好的团粒结构和通透性,增加土壤氧气含量,有利于根系的深扎和生长,促进地上部植株生长,达到增产的目的,还能使雨天直播或育苗的种子出土良好。

(3)遮挡雨水　能防止大暴雨直接冲刷畦面,减少水土流失,保护植株和幼苗叶片完整,提高商品率和商品性状。据测试,采用遮阳网覆盖后,暴雨冲击力比露地栽培减弱 98%,降水量减少 13.29%～22.83%。

(4)减少土壤水分蒸发　保持土壤湿润,防止畦面板结。据调查,覆盖遮阳网后,土壤水分蒸发量比露天栽培减少 60% 以上。

(5)避害虫、防病害　据调查,遮阳网避蚜效果达 88.8%～100%,对西瓜病毒病防效为 89.8%～95.5%,并能抑制西瓜多种病害的发生和蔓延。

3. 选用遮阳网的原则　①西瓜为喜温中、强光性蔬菜,夏秋季生产,根据光照强度选用银灰网或选用黑色 SZW-10 等遮光率较低的黑色遮阳网;避蚜、防病毒病,最好选用 SZW-12、SZW-14 等银灰网或黑灰配色遮阳网覆盖。②夏秋季育苗或缓苗短期覆盖,多选用黑色遮阳网覆盖。为防病毒病,亦可选用银灰网或黑灰配色遮阳网覆盖。③全天候覆盖的,宜选用遮光率低于40％的网,或黑灰配色网覆盖。

4. 日光温室遮阳网的覆盖方式 覆盖方式主要以顶盖法和一网一膜两种方式为主。顶盖法是指在日光温室的二重幕支架上覆盖遮阳网;一网一膜覆盖方式是指覆盖在日光温室上的薄膜,仅揭除围裙膜,顶膜不揭,而是在顶膜外面再覆盖遮阳网。在寿光地区大多采用一网一膜覆盖方式。

遮阳网覆盖栽培的技术原则是:看天、看作物灵活揭盖;晴天时白天盖,夜间揭;阴天时全天不盖。30℃以上温度,一般从上午8时至下午4时覆盖。

(十)温 度 表

温度表是日光温室西瓜生产中必不可少的重要工具,菜农须通过它上面显示的温度来确定关闭通风口、放草苫的时间。一旦上面显示的有误差,对西瓜管理会造成很大影响。只有正确悬挂才能准确测定温室内温度。

1. 确定悬挂的位置 很多日光温室里温度表悬挂的位置很乱,大部分悬挂在温室后通风口下面,还有悬挂在温室前脸处的,这两种做法都是不正确的。悬挂在通风口下面,此处通风时,外界的冷空气进入温室内,直接造成后部温度快速降低,温度变化频繁,极不稳定;还有温室后墙上温度变化快,根本不能准确反映西瓜生长空间的温度;而悬挂在温室前脸处,此处地温较低,与外界接触面大,散热较快,气温比较低,若温度表悬挂在此,数据也不准确。正确的悬挂位置是在温室中部,此处距离墙体、通风口等容易进风的地方都较远,能显示出准确的温度。

2. 温度表悬挂高度要随着西瓜高度变化 大多数菜农在悬挂上温度表后,一般都不再挪动它,这也是不正确的。温度表的悬挂高度需要随植株高度不断调整,以准确反映植株生长点附近的温度。如果植株高度已超过挂温度表的高度,还不调整温度表的高度,这样温度表就藏在植株顶部之下,测出来的温度就会偏低。若根据温度表上显示的温度来管理西瓜的话,西瓜生长很难正常。因此,温度表应悬挂在植株生长点下 10 厘米处,并要随着西瓜的生长随时调节温度表悬挂的高度,这样才能测出准确的温度,菜农朋友可据此在生产管理中采取相应的措施。

第二章 西瓜新优品种选择

一、特小凤

【品种来源】 台湾农友种苗公司。

【特征特性】 极早熟小果型品种。果圆形至高圆形、果型整齐,着墨绿色条纹。果肉金黄色,肉质细嫩、脆爽,甜而多汁。中心可溶性固形物含量为12%左右。果皮薄,易裂果。耐低温,适于秋、冬、春三季栽培。

【栽培要点】 立式架栽培,株行距40厘米×90～105厘米,双行定植,每667平方米栽1 600～1 800株。定植后5～7天,密闭温室,白天棚温保持在25℃～28℃,夜间不低于15℃,以促进缓苗。若白天温度高于35℃,则应设法遮光降温。若遇强冷空气,应增盖草苫保温。定植前每667平方米基施腐熟有机肥2 000千克、过磷酸钙25千克、硫酸钾型复合肥30～40千克。定瓜前适当控制浇水,促根系生长;定瓜后立即浇大水,同时追1次肥,每667平方米施磷酸二铵40千克;瓜膨大期供水要充足、均匀,并随浇水追1次肥,每667平方米施磷酸二铵30千克、硫酸钾20千克。采瓜前5～8天停止浇水,以提高甜度,瓜临近成熟时,防止土壤水分突然增加而发生裂瓜。四蔓整枝,保留主蔓和3个子蔓。用尼龙线吊蔓。保护地栽培必须人工授粉,授粉后做一标记。留果时摘除主蔓上第一朵雌花,其余均可留瓜,每株留3～4个果。坐果的茎蔓在幼果前留7～8片叶打顶。瓜膨大到1千克左右后用草圈或网兜将瓜吊起。

二、红克拉

【品种来源】　引自美国思地沃集团种子公司。

【特征特性】　采早熟杂交一代种。植株长势旺盛,抗病性强。果实椭圆形,果皮亮绿色,有墨绿色细条纹。果重 2～3 千克,果肉鲜红色,肉质沙瓤,味道佳。果皮薄,有韧性,耐贮运。该品种为适于现代家庭食用的小型西瓜。适作保护地早熟栽培和秋延后栽培。

【栽培要点】　吊蔓或立架栽培,株行距 40 厘米×90～100 厘米,每 667 平方米栽 1 600～1 800 株。若采用爬地式栽培,行株距 150 厘米×60 厘米,每 667 平方米定植 750 株左右。定植后 5～7 天,要密闭温室,白天棚温保持在 25℃～28℃,夜间不低于 15℃,以促进缓苗。若白天温度高于 35℃,则应设法遮光降温。若遇强冷空气,应加盖草苫保温。定植后一般追肥 3 次,第一次追肥在定植缓苗后,每株穴施 0.30%～0.50%的化肥水 1 千克。第二次追肥在蔓长 30 厘米左右时进行,每 667 平方米施硫酸钾型复合肥 25 千克。第三次追肥在坐住果后(约拳头大小时)进行,每 667 平方米追硫酸钾型复合肥 15 千克、硫酸钾 10～15 千克。在果实膨大期进行 1～2 次叶面喷肥,可喷施 0.30%～0.40%磷酸二氢钾溶液和 0.40%尿素溶液。前期适当控制浇水,坐果后增加浇水。三蔓整枝,保留主蔓和 2 条子蔓。用尼龙线吊蔓。保护地栽培必须人工授粉,授粉后做一标记。留果时摘除主蔓上第一朵雌花,其余均可留瓜,每株留 2～3 个果。坐果的茎蔓在幼果前留 10～12 片叶打顶。瓜膨大到 2 千克左右后用草圈或网兜将瓜吊起。

三、月　光

【品种来源】　引自瑞士先正达种子公司。

【特征特性】 植株生长健壮,中早熟。瓜球高圆形,皮绿色,中宽条纹,瓜肉黄色,含糖12%,口感极好。瓜重3～4千克。耐低温,坐瓜性强,皮薄坚韧,不空心,耐贮运。适合温室、小棚及早春露地栽培。

【栽培要点】 吊蔓或立架栽培,株行距40厘米×100～110厘米,每667平方米栽1 500～1 600株。采用爬地式栽培,每667平方米定植700株左右。连作地进行嫁接栽培,定植后5～7天密闭温室,白天棚温保持在25℃～28℃,夜间不低于15℃,以促进缓苗。若白天温度高于35℃,则应设法遮光降温。若遇强冷空气,应加盖草苫保温。施足基肥,每667平方米施农家肥2 000千克、硫酸钾型复合肥30千克、尿素20千克。植株伸蔓后追施第一次肥,每667平方米可追施尿素15千克、磷酸二铵20千克。果实膨大期进行第二次追肥,每667平方米追施硫酸钾7.5千克、磷酸二铵15千克。在果实膨大后期,叶面喷施0.2%磷酸二氢钾溶液2～3次。注意前期少浇水,坐瓜后勤浇水,进入成熟期后要控制浇水。三蔓整枝,保留主蔓和2条子蔓。用尼龙线吊蔓。保护地栽培必须人工授粉,授粉后做一标记。留果时摘除主蔓上第一朵雌花,其余均可留瓜,每株留2～3个果。坐果茎蔓在幼果前留10～15片叶打顶。瓜膨大到2千克左右时用草圈或网兜将瓜吊起。

四、黄皮京欣一号

【品种来源】 国家蔬菜工程技术研究中心育成。

【特征特性】 为中早熟黄皮西瓜一代杂种。全生育期90天左右,从雌花开花至果实成熟为28天左右。生长势中等,坐果性极强。在保护地可吊架栽培,或爬地栽培留2个瓜。果实圆形,皮色金黄,鲜艳,条纹不明显,不易出现绿斑。瓜瓤红色,肉质沙嫩,口感好。中心可溶性固形物含量 12％以上，少籽，耐贮运。高抗枯萎病，兼抗炭疽病。单瓜重 4 千克左右。适合保护地与露地早熟栽培。

【栽培要点】　吊蔓或立架栽培，株行距 45 厘米×85～105 厘米，每 667 平方米栽 1 600～1 700 株。定植缓苗期间，温室内温度白天保持 24℃～35℃，夜间不低于 15℃；缓苗后适当降温，白天保持 20℃～30℃，夜间不低于 14℃；坐瓜后适当提高温度，白天保持 24℃～30℃，夜间不低于 16℃。定植前每 667 平方米基施腐熟有机肥 2 200 千克、过磷酸钙 25 千克、硫酸钾型复合肥 30～40 千克。定瓜前适当控制浇水，促根系生长；定瓜后立即浇大水，同时追 1 次肥，每 667 平方米施磷酸二铵 40 千克。在瓜膨大期充足均匀供水，瓜膨大盛期随浇水追 1 次肥，每 667 平方米施磷酸二铵 20 千克、硫酸钾 20 千克。采摘瓜前 5～8 天停止浇水，以提高甜度。瓜临近成熟时，防止土壤水分突然增加而裂瓜。三蔓整枝，保留主蔓和 2 条子蔓。用尼龙线吊蔓。该品种为少籽瓜，在进行保护地早熟栽培时，可用其他品种的雄花授粉，以防止出现歪瓜。授粉后做一标记。留果时摘除主蔓上第一朵雌花，其余均可留瓜，每株留 1 个果。坐果的茎蔓在幼果前留 10 片叶打顶。当瓜膨大到 2 千克左右后，用草圈或网兜将瓜吊起。

五、盛　兰

【品种来源】　从我国台湾省引进。

【特征特性】　属早熟品种，果实发育期约为 30 天，全生育期为 85～90 天。种子饱满，子叶厚实，成苗率高，植株生长势强。果实圆球形，绿底色覆有墨绿色条带，果实周正美观，单果重 3 千克左右。中心可溶性固形物含量为 12％左右。低温期成熟也能保持较高的糖度和品质，低节位坐果不易变形。低温期伸长性好，雌花易开放和易坐果,故栽培适应性较广。

【栽培要点】 极早熟高效益保护地促成栽培。温室栽培可于1月底至2月初播种,4月底至5月初可上市。温室可在2月中下旬播种,3月上中旬定植,并采用三膜覆盖栽培,以防寒保温,促进幼苗在低温下正常生长。也可进行延秋栽培。合理密植,三蔓整枝,一秧多瓜。爬式栽培时每667平方米以定植450~600株为宜,不超过700株。立架式栽培每667平方米栽植1200株左右,不要超过1500株。定植缓苗后,当苗生长到5~6片真叶时,摘除主蔓生长点,采取三蔓整枝,单株坐果以2~3个为宜,并以侧蔓第二个雌花开始授粉为好。每667平方米产量可达3000千克以上。加强肥水、温度的管理,以提高坐果率和品质。由于该品种生长势旺盛,且一苗多瓜,果型中大,所以需要充足的养分,一般每667平方米需施腐熟鸡粪2000千克,三元复合肥(15∶15∶15)50千克,硫酸钾10千克。同时由于该品种根系发达,生长旺,故在做整枝工作的同时,需加强水分的管理,坐果期保持土壤湿度60%左右,白天温室内适宜温度为25℃~30℃,夜间以18℃为好。待大部分植株坐果后,需及时追施肥水。采收前7~10天应严格控制水分和禁施氮肥,以提高果实品质,确保优质瓜上市。

六、黑　宝

【品种来源】 引自我国台湾农友种苗公司。

【特征特性】 早熟,生育强健。果实为长球至椭圆球形,外观优美可爱。瓜重3~4千克。皮青黑底细黑网纹,果皮薄而坚韧,耐贮运。不易空心,肉鲜红美艳,中心糖度为12%左右,质地细爽,品质上乘。

【栽培要点】 宜吊蔓或搭架栽培,行株距为100厘米×40厘米,每667平方米定植1600株左右。若采用爬地式栽培,行株距为 160 厘米×60 厘米,每 667 平方米定植 700 株左右。在定植缓苗期间,温室内温度白天宜保持 24℃~35℃,夜间不低于 15℃。缓苗后适当降温,白天宜保持 20℃~30℃,夜间不低于 14℃。坐瓜后适当提高温度,白天保持 24℃~30℃,夜间不低于 16℃。定植前每 667 平方米基施腐熟有机肥 2000 千克、过磷酸钙 25 千克、硫酸钾型复合肥 30~40 千克。定瓜前适当控制浇水,促根系生长,定瓜后立即浇大水,同时追 1 次肥,每 667 平方米施磷酸二铵 40 千克;瓜膨大期应充足、均匀供水,瓜膨大盛期随浇水追施 1 次肥,每 667 平方米施磷酸二铵 20 千克、硫酸钾 30 千克。瓜采摘前 5~8 天停止浇水。三蔓整枝,保留主蔓和 2 条子蔓。用尼龙线吊蔓。保护地栽培必须人工授粉,授粉后做一标记。留果时摘除主蔓上第一朵雌花,其余均可留瓜,每株留 1~2 个果。坐果的茎蔓在幼果前留 10 片叶打顶。当瓜膨大到 2 千克左右后用草圈或网兜将瓜吊起。

七、秋　艳

【品种来源】　由安徽省农业科学院园艺研究所培育。

【特征特性】　果实椭圆形,单瓜重 2 千克。外皮鲜绿色,皮薄有韧性,瓜瓤深红色,肉质细嫩,中心糖度达 12%~13%,中边糖梯度小,风味极佳。早熟,易坐果,果实发育期为 22~23 天。一般每 667 平方米产量可达 3500 千克左右。抗病性极强,耐重茬,适合秋季栽培。

【栽培要点】　立架栽培,行株距为 80~90 厘米×40 厘米,每 667 平方米 1800~2000 株。连作地进行嫁接栽培。定植缓苗期间,温室内白天温度保持 24℃~35℃,夜间不低于 15℃;缓苗后适当降温,白天保持 20℃~30℃,夜间不低于 14℃;坐瓜后适当提高温度,白天保持 24℃~30℃,夜间不低于 16℃。定植前每 667 平方米基施腐熟有机肥 2 500 千克、过磷酸钙 25 千克、硫酸钾型复合肥 30～40 千克。定瓜前适当控制浇水,促根系生长,定瓜后立即浇大水,同时追 1 次肥,每 667 平方米施磷酸二铵 40 千克;瓜膨大期充足均匀供水,随浇水追 1 次肥,每 667 平方米施磷酸二铵 30 千克、硫酸钾 10 千克。瓜采摘前 5～8 天停止浇水实行。三蔓整枝,保留主蔓和 2 条子蔓。用尼龙线吊蔓。保护地栽培必须人工授粉,授粉后做一标记。留果时摘除主蔓上第一朵雌花,其余均可留瓜,每株留 2～3 个果。坐果的茎蔓在幼果前留 10 片叶打顶。瓜膨大到 1.2 千克左右后用草圈或网兜将瓜吊起。

八、翠黄玉

【品种来源】 由安徽省农业科学院园艺研究所育成。

【特征特性】 单瓜平均重 2.5 千克。瓜皮薄,黄瓤,汁多肉脆,中心含糖量达 12% 以上,口感风味佳。早熟,果实发育期为 26～28 天。抗枯萎病,耐重茬。耐低温弱光性强,易坐果。为适宜保护地早熟栽培的好品种。一般每 667 平方米产 3 500 千克左右。

【栽培要点】 吊蔓或立架栽培,株行距 50 厘米×80～90 厘米,双行定植,每 667 平方米栽 1 800～2 000 株。在缓苗期、果实膨大期可适当提高温度,气温一般保持在 28℃～32℃,地温、气温不低于 15℃,气温不能超过 35℃,超过 35℃应及时通风降温。瓜苗定植后的伸蔓前期,每 667 平方米浇施硫酸钾型复合肥 8 千克,作为提苗肥,幼果期浇施硫酸钾型复合肥 15 千克,膨果期浇施尿素 15 千克、硫酸钾 15 千克,叶面适当喷施磷酸二氢钾,效果更好。四蔓整枝,保留主蔓和 3 个子蔓。用尼龙线吊蔓。保护地栽培必须人工授粉,授粉后做一标记。留果时摘除主蔓上第一朵雌花,其余均可留瓜,每株留 2～3 个果。坐果的茎蔓在幼果前留 7～8 片叶打顶。瓜膨大到 1.5 千克左右后用草圈或网兜将瓜吊起。

九、迷你红玉

【品种来源】 由安徽省农业科学院园艺研究所育成。

【特征特性】 果实高圆形,单瓜重 2～3 千克。皮薄,果肉鲜红,肉质细嫩爽口。中心含糖量为 13％以上。生长势强,坐果率高,熟性早,果实发育期 26 天。抗性强,适应性广。

【栽培要点】 立架栽培,大行距 120 厘米,小行距 60 厘米,株距 40 厘米,每 667 平方米栽 1 800 株左右。定植后白天气温保持 25℃～35℃,夜间保持 18℃左右,4～5 天不通风。从缓苗后至开花期间,白天温度保持在 24℃～28℃,夜间保持 13℃左右;结瓜期白天温度保持 25℃～30℃,夜间保持 15℃左右,空气相对湿度保持 50％～60％。定植前每 667 平方米基施腐熟有机肥 3 000 千克、过磷酸钙 25 千克、硫酸钾型复合肥 40 千克。定瓜前适当控制浇水,以促根系生长;定瓜后立即浇大水,同时追 1 次肥,每 667 平方米施磷酸二铵 40 千克,瓜膨大期充足均匀供水,瓜膨大盛期随浇水追 1 次肥,每 667 平方米施磷酸二铵 30 千克、硫酸钾 20 千克。瓜采摘前 5～8 天停止浇水。三蔓整枝,保留主蔓和 2 条子蔓。用尼龙线吊蔓。保护地栽培必须人工授粉,授粉后做一标记。留果时摘除主蔓上第一雌花,其余均可留瓜,每株留 2～3 个果。坐果的茎蔓在幼果前留 8～10 片叶打顶。西瓜膨大到 2 千克左右后用草圈或网兜将瓜吊起。

十、南 辉

【品种来源】 从我国台湾农友种苗公司引进。

【特征特性】 叶型较大,可防日烧。早熟,果实高球形,皮墨绿色,隐约中有黑条斑纹。果重通常为 4～6 千克。肉红色,质佳,耐贮运。本品种在高温多湿期仍可栽培。

【栽培要点】 吊蔓或立架栽培,株行距 40 厘米×80～100 厘米,双行定植,每 667 平方米栽 1 700～2 000 株。定植后缓苗期、果实膨大期温度可适当高些,气温一般保持在 28℃～32℃,地温、气温均不应低于 15℃,但气温也不能超过 35℃,否则应及时通风降温。瓜苗定植后的伸蔓前期,每 667 平方米浇施 15∶15∶15 三元复合肥 10 千克,作为提苗肥,幼果期浇施 15∶15∶15 三元复合肥 15 千克,膨果期浇施尿素 20 千克、硫酸钾 10 千克,叶面适当喷施磷酸二氢钾效果更好。三蔓整枝,保留主蔓和 2 条子蔓。用尼龙线吊蔓。保护地栽培必须人工授粉,授粉后做一标记。留果时摘除主蔓上第一朵雌花,其余均可留瓜,每株留 1 个果。坐果的茎蔓在幼果前留 10 片叶打顶。瓜膨大到约 1.5 千克后用草圈或网兜将瓜吊起。

十一、黑美人

【品种来源】 由台湾农友种苗公司育成的杂交一代种。

【特征特性】 生长健壮,抗病、耐湿,夏秋栽培表现突出。极早熟,主蔓 6～7 节出现第一朵雌花,雌花着生密,从雌花开花至果实成熟一般需 28 天左右。果实长椭圆形,果皮黑色中有不明显条带。单瓜重 2～3 千克。果皮薄而韧,耐贮运。果肉鲜红色,肉质硬。中心可溶性固形物含量为 13％左右,中边糖梯度小。

【栽培要点】 吊蔓或立架栽培,株行距 40 厘米×100～110 厘米,每 667 平方米栽 1 500～1600 株。定植后白天气温保持在 25℃～32℃,夜间保持在 18℃左右,4～6 天不通风。从缓苗后至开花期间,白天温度保持在 24℃～28℃,夜间 14℃左右;结瓜期白天保持 25℃～30℃,夜间保持 15℃左右,空气相对湿度在

50%～60%。栽苗后浇 1 次缓苗水。瓜苗甩蔓期再浇 1 次水。坐瓜前不浇水,当幼瓜长到拳头大时进行第三次浇水,随水每 667 平方米冲施尿素 20 千克。开花坐瓜后,叶面喷施 0.1%磷酸二氢钾溶液,每周喷 1 次,连续喷 3～4 次,加强植株营养以提高抗逆性。三蔓整枝,保留主蔓和 2 条子蔓。用尼龙线吊蔓。保护地栽培必须人工授粉,授粉后做一标记。留果时摘除主蔓上第一朵雌花,其余均可留瓜,每株留 2 个果。坐果的茎蔓在幼果前留 10 片叶打顶。当瓜膨大到 1.5 千克左右时用草圈或网兜将瓜吊起。

十二、黄　小　玉

【品种来源】　由湖南省瓜类研究所与日本合作育成的一代杂交新品种。

【特征特性】　果实高圆形,单瓜重 2 千克左右。果皮厚度 0.3 厘米,果皮翠绿色中有虎纹状条带。果肉浓黄,中心可溶性固形物含量为 12.5%以上。肉质细、纤维少、籽少,品质极佳。抗病性强。易坐果。极早熟,雌花从开放至果实成熟一般为 26 天左右。

【栽培要点】　吊蔓或立架栽培,株行距 50 厘米×80～90 厘米,双行定植,每 667 平方米栽 1 800～2 000 株。定植后缓苗期、果实膨大期温度可适当高些,气温一般保持在 28℃～32℃,地温、气温均不低于 15℃,但气温也不能超过 35℃,否则应及时通风降温。瓜苗定植后的伸蔓前期,每 667 平方米浇施硫酸钾型复合肥 8 千克作为提苗肥,幼果期浇施硫酸钾型复合肥 15 千克,膨果期浇施尿素 15 千克、硫酸钾 15 千克,叶面适当喷施磷酸二氢钾效果更好。四蔓整枝,保留主蔓和 3 个子蔓。用尼龙线吊蔓。保护地栽培必须人工授粉,授粉后做一标记。留果时摘除主蔓上第一朵雌花,其余均可留瓜,每株留 3～4 个果。坐果的茎蔓在幼果前留 7～8

片叶打顶。瓜膨大到 1.5 千克左右后用草圈或网兜将瓜吊起。

十三、红 小 五

【品种来源】 系湖南省瓜类研究所育成的一代杂交新品种。

【特征特性】 生长势较强,可以连续结果。果型稍大,单瓜重约 2.0 千克,1 株可结 3～5 个瓜。果实圆形,具绿色条带,外观漂亮,皮薄,果肉红色,含糖量 13％以上,果肉细、无渣,种子少。从雌花开放至果实成熟约需 35 天。

【栽培要点】 吊蔓或立架栽培,株行距 40 厘米×80～105 厘米,双行定植,每 667 平方米栽 1 600～2 000 株。定植后缓苗期、果实膨大期温度可适当高些,气温一般保持在 28℃～32℃,地温、气温均不低于 15℃,但气温也不能超过 35℃,否则应及时通风降温。瓜苗定植后的伸蔓前期,每 667 平方米浇施硫酸钾复合肥 8 千克作为提苗肥,幼果期浇施硫酸钾复合肥 15 千克,膨果期浇施尿素 20 千克、硫酸钾 10 千克,叶面适当喷施磷酸二氢钾效果更好。三蔓整枝,保留主蔓和 2 个子蔓。用尼龙线吊蔓。保护地栽培必须人工授粉,授粉后做一标记。留果时摘除主蔓上第一朵雌花,其余均可留瓜,每株留 3 个果。瓜膨大到 1.5 千克左右时用草圈或网兜将瓜吊起。

十四、阳 春

【品种来源】 由合肥华夏西瓜甜瓜科学研究所育成的杂交一代新品种。

【特征特性】 果实高圆形,皮色翠绿覆有墨绿色条带,外形美观。果肉金黄色,鲜艳,肉质细嫩,爽口多汁,中心部含糖量为 12％～13％,梯度小,风味佳,品质上等。植株生长强健,耐病,抗逆性强,在低温弱光下能正常生长,易坐果。单株结果数多,单瓜重约 2 千克,极早熟。适于日光温室早熟覆盖栽培。

【栽培要点】　吊蔓或立架栽培,株行距 50 厘米×70～80 厘米,每 667 平方米栽 1 600～1 800 株。连作地应进行嫁接栽培。定植缓苗期间,温室内白天温度保持在 24℃～35℃,夜间不低于 15℃;缓苗后适当降温,白天保持 20℃～30℃,夜间不低于 14℃。坐瓜后适当提高温度,白天保持 24℃～30℃,夜间不低于 16℃。温度、气体、光照调节应结合温度管理同步进行。定植前每 667 平方米施基施腐熟有机肥 2 500 千克、过磷酸钙 25 千克、硫酸钾型复合肥 30～40 千克。定瓜前适当控制浇水,以促进根系生长;定瓜后立即浇大水,同时追 1 次肥,每 667 平方米施磷酸二铵 40 千克;瓜膨大期应充足、均匀地供水,瓜膨大盛期随浇水追 1 次肥,每 667 平方米施磷酸二铵 20 千克、硫酸钾 30 千克。瓜采摘前 5～8 天停止浇水。四蔓整枝,保留主蔓和 3 条子蔓。用尼龙线吊蔓。保护地栽培必须进行人工授粉,授粉后做一标记。留果时摘除主蔓上第一朵雌花,其余均可留瓜,每株留 3～4 个果。坐果的茎蔓在幼果前留 10～12 片叶打顶。瓜膨大到 1 千克左右后用草圈或网兜将瓜吊起。

十五、春　光

【品种来源】　由合肥华夏西瓜甜瓜科学研究所育成的杂交一代新品种。

【特征特性】　果实长椭圆形,鲜绿色皮覆有细条带,单瓜重 2.0～2.5 千克。果形周正,不变形,不空心,果肉粉红色,肉质细嫩,含糖量 13%,梯度小,风味极佳。果皮薄,仅 2～3 毫米,具有弹性,不易裂果,耐贮运性好。植株生长稳健,低温下伸长性好,在早春不良条件下雌、雄花分化正常,坐果性好,易栽培。雌花从开放至果实成熟早期约 35 天。

【栽培要点】 吊蔓或立架栽培,株行距 40 厘米×90～100 厘米,每 667 平方米栽 1 800 株左右。定植后缓苗期、果实膨大期温度可适当高些,气温一般保持在 28℃～32℃,地温、气温均不应低于 15℃,但气温也不能超过 35℃,否则应及时通风降温。施足基肥,每 667 平方米施农家肥 2 500 千克、硫酸钾型复合肥 30 千克、尿素 20 千克。植株伸蔓后追第一次肥,每 667 平方米追施尿素 20 千克、磷酸二铵 15 千克。果实膨大期进行第二次追肥,每 667 平方米追施尿素 7.5 千克、硫酸钾复合肥 25 千克。在果实膨大后期,叶面喷施 0.2%磷酸二氢钾溶液 2～3 次。注意前期少浇水,坐瓜后勤浇水,进入成熟期后要控制浇水。三蔓整枝,保留主蔓和 2 条子蔓。用尼龙线吊蔓。保护地栽培必须人工授粉,授粉后做一标记。留果时摘除主蔓上第一朵雌花,其余均可留瓜,每株留 3 个果。坐果的茎蔓在幼果前留 10 片叶打顶。瓜膨大到 1.5 千克左右后用草圈或网兜将瓜吊起。

十六、雪峰小玉九号

【品种来源】 由湖南省瓜类研究所选育的西瓜品种。

【特征特性】 植株生长势强,主蔓长 4 米左右,主蔓粗 0.7 厘米左右,蔓近圆形。叶为单叶、互生,成龄叶为掌状深裂。叶色浓绿,叶长 26 厘米,叶宽 22 厘米。花为单性花,雌雄同株异花,花萼花瓣均为 5 枚,柱头三裂。主蔓第一雌花着生节位为 9～10 节,雌花间隔 4～5 节,坐果性好,平均单株坐果 1.5 个左右。果实短椭至椭圆形,果形指数 1.3 左右,果形端正,坐果整齐度较高,单果重 2～3 千克。果皮绿色间有墨绿色窄条,皮厚约 0.5 厘米。杂交一代种子棕褐色,千粒重 42 克左右。果肉鲜红色,肉质细脆,纤维少,中心可溶性固形物含量为 12%左右,边糖含量为 9.2%,口感风味好。早春日光温室栽培全生育期85～98天,果实成熟期24～28天。

【栽培要点】　露地栽培一般于3月中下旬至4月初播种,4月中下旬至5月初定植。早熟栽培2月中下旬播种,采用日光温室温床育苗,3月中下旬定植。也可在7月中下旬至8月上旬播种,进行夏秋延后栽培。每667平方米用种量30～50克。爬地栽培每667平方米栽600～800株,三蔓整枝。立架栽培每667平方米栽1 000～1 500株,采用双蔓整枝。中等肥力水平的土壤,每667平方米施纯氮5.5～8.5千克、五氧化二磷2～3千克、氧化钾9～12千克和腐熟有机肥2 000千克。注意肥水均衡供应,坐果后果实长到鸡蛋大小时强调增施膨果肥。采收前1周停止灌水。幼果如鸡蛋大小时,进行疏果留果,宜选留主蔓第二朵雌花以上节位的果形端正、无病虫伤害果实,一般一蔓留一果,立架栽培必须用尼龙网袋吊瓜。苗期注意防治黄守瓜、小地老虎及猝倒病,中、后期注意防治菜青虫、蚜虫、炭疽病等病虫害。

十七、万福来

【品种来源】　由韩国汉城种苗株式会社育成的品种。

【特征特性】　生长旺盛,果实椭圆形,单果重1.8～2.2千克左右。果皮绿色,条纹细,外观及品质极似早春红玉。坐果性能好,在低温弱光条件下也能正常坐果,连续坐果保果能力强,产量稳定。特早熟果肉鲜红色,果皮极薄,糖度为13%左右,口感极好,产量高。

【栽培要点】　适合春、秋两季保护地栽培。秋季表现较同类型品种突出。立架栽培时,株行距为100～70厘米;爬地栽培时,株行距为80～70厘米,每株留4条子蔓。因长势旺,为提高坐果率,基肥宜少施氮肥。坐果早,一般每株留3～4个果,坐果后30

天左右成熟。在连作地或土壤肥力较差时宜用嫁接栽培。

十八、秀　美

【品种来源】　系安徽省农业科学院园艺所新育成的杂交一代品种。

【特征特性】　熟性极早,抗病性极强,品质上等。耐重茬种植。幼苗期生长缓慢,2叶后生长迅速,耐低温弱光和耐湿性强。从雌花开放到采收仅需26天。果实高圆形,外皮鲜绿色,花纹明显有规律。瓜瓤红色,肉质细嫩,中心糖度达13%～13.5%,边糖含量10.5%,风味和口感极佳。单瓜重1.5～2千克,瓜皮薄,有韧性。适合春、秋季栽培。

【栽培要点】　吊蔓或立架栽培,株行距40厘米×80～90厘米,每667平方米栽1800～2000株。爬地式栽培,每667平方米栽850株左右。连作地进行嫁接栽培。定植后缓苗期、果实膨大期温度可适当高些,气温一般保持在28℃～32℃,地温、气温均不应低于15℃,但气温也不能超过35℃,否则应及时通风降温。定植前每667平方米基施腐熟有机肥2000千克、过磷酸钙40千克、硫酸钾型复合肥30～40千克。定瓜前适当控制浇水,促根系生长,定瓜后立即浇大水,同时追1次肥,每667平方米施磷酸二铵40千克,瓜膨大期应充足均匀地供水,瓜膨大盛期随浇水追1次肥,每667平方米磷酸二铵20千克、硫酸钾30千克。采瓜前5～8天停止浇水。四蔓整枝,保留主蔓和3条子蔓。用尼龙线吊蔓。人工授粉,授粉后做一标记。留果时摘除主蔓上第一朵雌花,其余均可留瓜,每株留3～4个果。坐果的茎蔓在幼果前留10～12片叶打顶。瓜膨大到1.2千克左右后用草圈或网兜将瓜吊起。

十九、华 铃

【品种来源】 系台湾农友种苗公司育成的精品西瓜品种。

【特征特性】 生育特别强健,结果习性良好,非常早生,果实圆球形,皮色奇特,底色淡绿散布青黑色阔条斑。单果重2～3千克,果实大小整齐,中心糖度为12%左右。肉色深红,品质优美,皮薄坚韧,极耐贮运。本品种适应性广,果实肥大速度快,不易裂果,糖分稳定,不易空心,为外观新奇的红肉西瓜精品。

【栽培要点】 秋冬茬栽培8月中旬至9月上旬育苗,11月中旬至12月中旬采收。冬春茬栽培12月中旬至翌年1月上旬育苗,4月中旬至4月下旬采收。吊蔓或立架栽培,大行距120厘米,小行距60厘米,株距40厘米,每667平方米栽1700株左右。定植后5～7天密闭大棚,白天棚温保持在25℃～28℃,夜间不低于15℃,以促进缓苗。如白天温度高于35℃,则应设法遮光降温。如遇强冷空气,应加盖草苫保温。定植前每667平方米基施腐熟有机肥3000千克、过磷酸钙25千克、硫酸钾型复合肥25～30千克。定瓜前适当控制浇水,促根系生长,定瓜后立即浇大水,同时追1次肥,每667平方米施磷酸二铵40千克,瓜膨大期应充足均匀地浇水,瓜膨大盛期随浇水追1次肥,每667平方米施磷酸二铵20千克、硫酸钾30千克。瓜采摘前5～8天停止浇水。三蔓整枝,保留主蔓和2条子蔓。用尼龙线吊蔓。保护地栽培必须人工授粉,授粉后做一标记。一般选母蔓或侧蔓第二朵或第三朵雌花坐瓜,每株留3个果。坐果的茎蔓在幼果前留10片叶打顶。当瓜膨大到1.5千克左右后用草圈或网兜将瓜吊起。

二十、小　兰

【品种来源】　系台湾农友种苗股份有限公司选育的品种。

【特征特性】　为小型黄瓤西瓜。极早生,结果力强,丰产。外观漂亮,果实圆球形至微长球形,皮色淡绿,底为青色狭条斑,单瓜重 1.5～2 千克。瓜瓤黄色、晶亮,种子小而少,是特小凤型西瓜的改良品种。

【栽培要点】　吊蔓或立架栽培,株行距 40 厘米×80～90 厘米,每 667 平方米栽 1 800～2 000 株。爬地式栽培,每 667 平方米栽 850 株左右。连作地应进行嫁接栽培。定植后缓苗期、果实膨大期温度可适当高些,白天气温一般保持在 28℃～32℃,地温、夜温都不低于 15℃,但气温也不能超过 35℃,否则应及时通风降温。采用膜下暗灌,除定植初期湿度稍高外,其他各生育期应保持在50%～60%之间。定植前每 667 平方米基施腐熟有机肥 2 500 千克、过磷酸钙 30 千克、硫酸钾复合肥 30～40 千克。定瓜前适当控制浇水,促根系生长;定瓜后立即浇大水,同时追 1 次肥,每 667 平方米施磷酸二铵 40 千克;瓜膨大期应充足均匀地浇水,并随浇水追 1 次肥,每 667 平方米施磷酸二铵 35 千克、硫酸钾 15 千克。采瓜前 6～8 天停止浇水。四蔓整枝,保留主蔓和 3 条子蔓。用尼龙线吊蔓。人工授粉,授粉后做一标记。留果时摘除主蔓上第一朵雌花,其余均可留瓜,每株留 3～4 个果。坐果的茎蔓在幼果前留10～12 片叶打顶。待瓜膨大到约 600 克后用草圈或网兜将瓜吊起。

第三章　日光温室西瓜育苗技术

一、西瓜穴盘育苗技术

(一)穴盘选择

穴盘是按照一定的规格制成的带有许多小型圆形或方形孔穴的塑料盘,大小多为 52 厘米×28 厘米,盘上有 32、40、50、72、105、128、162、200、288 穴等多种规格,小穴深度 3～10 厘米,塑料盘壁厚 0.85～1.05 毫米。西瓜穴盘育苗宜选用 50、72、105 穴穴盘。

(二)基　质

穴盘育种时常采用轻型基质。可作为西瓜育苗基质的材料有珍珠岩、蛭石、草炭土、炉灰渣、沙子、炭化稻壳、炭化玉米芯、发酵好的锯末、甘蔗渣、栽培食用菌废料等。这些基质可以单独使用,也可以几种混合使用。草炭系复合基质的比例是:草炭 30%～50%、蛭石 20%～30%、炉灰渣 20%～50%、珍珠岩 20%左右;非草炭系复合基质的比例是:棉籽壳 40%～80%、蛭石 20%～30%、糠醛渣 10%～20%、炉灰渣 20%、猪粪 10%。为了充分满足幼苗生长发育的营养需要,可以在每立方米基质中适当地加入复合肥 1～1.5 千克。

(三)消毒灭菌

1. 保护设施消毒灭菌　整个保护设施使用前要用高锰酸钾＋甲醛消毒,按 2 000 立方米温室标准,用 1.65 千克甲醛加入

8.4升开水中,再加入1.65千克高锰酸钾,产生烟雾,封闭48小时后再打开,散尽气味。

2. 拌料场地消毒灭菌 拌料场地使用前宜使用高锰酸钾2 000倍液或70%甲基硫菌灵可湿性粉剂1 000倍液喷洒灭菌。

3. 穴盘和用具消毒灭菌 穴盘和其他用具使用前要用高锰酸钾2 000倍液浸泡10分钟后,用清水冲洗干净,晾干。

4. 基质消毒灭菌 首次使用的干净基质一般无须消毒,重复使用的基质最好要消毒处理,可用0.1%～0.5%高锰酸钾溶液浸泡30分钟后,用清水洗净;另一种方法是用福尔马林100克对水5升,均匀喷洒在1立方米基质上,将基质堆起密闭2天后摊开,晾晒15天左右,等药味挥发后再使用。

(四)播 种

1. 种子选择 首先选择种子要做到正确选择,不但要适合于本茬口栽培,而且要适合于本地区栽培。如果引种本地区没有种过的品种,事先一定要经过小面积试种,表现确实良好后再大面积推广。同时,要注意当地消费习惯对品种的要求。其次,播种前最好测验一下所购种子的发芽势和发芽率。简单的发芽势计算是西瓜催芽3天内的种子发芽百分数。发芽势强的种子出苗迅速、整齐。发芽率是一定量的种子中发芽种子的百分率。西瓜一般是指催芽7天内种子的发芽百分数。发芽率达90%以上才符合播种要求。

2. 晒种 可杀灭附着在种子上的病菌,促进种子后熟,增强种子活力,提高发芽率。选择晴天将种子摊放在纸上或席上,厚度不超过1厘米,使其在阳光下暴晒,每两小时翻动1次。

3. 催芽 西瓜育苗一般在播种前36小时进行催芽。生产上常用的催芽方法有以下6种:①恒温箱催芽法。将湿纱布或湿毛巾放在盘内或其他容器上,将种子平摊在湿纱布上,再盖1～3层湿纱布,然后将盘放入 28℃～30℃ 的恒温箱中。一般经 24 小时即可开始出芽。②人体催芽法。将 100～150 克种子用湿纱布包好,装入 2 层塑料袋内,扎好袋口,放在紧贴身体的最内一层衣服外面,固定在身上,每天取下在 30℃ 温水中洗 1～2 次,再重新放好。一般经 24～36 小时开始出芽,大部分露白时即可播种。③电灯泡催芽法。在缸或木箱内底层安装一只 40 瓦灯泡,灯泡上放一双层支架,支架下层放一碗水,上层放装有种子的容器,容器内插一温度计。放进种子通电增温,再将缸或箱子口盖上,通过盖口的严密程度调节温度稳定在 32℃。④保温瓶催芽法。用普通热水瓶盛半瓶 34℃ 的温水,将种子用湿纱布包好扎口,留一长约 30 厘米的线尾,将种子悬吊在热水瓶内近口处,扎口线头留在外面,用瓶塞压住线头,并保持水温。⑤暖水袋或盐水瓶催芽法。在暖水袋或盐水瓶中倒入热水,将棉褥垫在上面,把用湿纱布和塑料袋包好的种子放在棉褥上面,随时用温度计测量温度,温度不可过高或过低。⑥电热毯催芽法。将电热毯折成两层,中间放一层小棉被,当温度达到 28℃ 时,将温度调节至恒温中挡,浸过的种子用湿纱布包好(可上下再多包两层湿布)后用塑料薄膜包好,放入棉被中催芽,48 小时后,发芽率可达 90％。种子使用量大时可采用该方法,简便实用。

把浸完的种子用消毒的湿布包好放进容器里,在 25℃～30℃ 下催芽,隔天淘洗种子 1 次,2～3 天后出芽,待 50％～70％ 的种子露白后播种。

4. 基质装盘　将备好的基质装入穴盘中,用刮平板从穴盘的一端向另一端刮平,使每个穴孔基质平满。

5. 播种　使用压穴器,对准每个穴孔的中心位置,均匀用力压下,使每个穴孔中央形成深 0.5 厘米的播种穴,逐盘压穴,逐穴播种,每穴播种一粒种子,种子位于播种穴中央,低温季节宜用蛭石覆盖,高温季节宜用珍珠岩覆盖。覆盖后再用刮平板刮平。最后将覆盖好的穴盘置于苗床上,用水浇透。

(五)苗床管理

1. 温度管理 西瓜种子发芽和苗期生长的最适温度和高产栽培要求的温度不完全相同。下面从西瓜高产栽培的角度说明西瓜育苗阶段所需的适宜温度,供农民朋友在西瓜生产中参考。

(1)第一阶段(从播种到开始出苗) 应控制较高的床温,促进快出苗。一般床温为25℃～30℃,约2天左右开始出苗。此期苗床温度最低12.7℃,最高40℃。

(2)第二阶段(从出苗到第一片真叶显露) 此期要及时降温,控制较低的温度,一般白天为20℃～22℃,夜间为12℃～15℃。避免温度过高,尤其是夜间温度偏高时将使胚轴发生徒长成为"长脖苗"。

(3)第三阶段(从破心到定植前7～10天) 此期温度要适宜,白天保持在20℃～25℃,夜间保持在13℃～15℃,以利于雌花分化且降低雌花节位。

(4)第四阶段(即定植前7～10天) 进行低温锻炼,以提高西瓜秧苗的适应能力和成活率。一般白天保持在15℃～20℃,夜间保持在10℃～12℃。

由于不同季节外界环境条件的限制,西瓜育苗不可能都达到最适温度,但应当采取各种有效措施,使苗床温度不要超出西瓜所能承受的极限温度。冬季育苗,要通过铺地热线、在日光温室内加盖小拱棚等措施,使苗床的夜温不低于10℃,短时间不低于8℃;夏季育苗,要通过盖遮阳网等方法,使苗床的最高气温控制在35℃以内,短时间不超过40℃。

2. 光照管理 早熟栽培,需在低温、短日照、弱光时期育苗,此期光照不足是培育壮苗的限制因素。在生产实践中,可明显看到:在光照充足的条件下,幼苗生长健壮,茎节粗短,叶片厚,叶色深,有光泽,雌花节位低且数目多;而在弱光下生长的幼苗,常常是瘦弱徒长的弱苗。因此,为增加光照,要经常保持覆盖物的清洁,草苫要早揭晚盖,日照时数控制在 8 小时左右,在温度充足的条件下,最好在早晨 8 时左右揭开草苫,下午 5 时左右盖上草苫。阴天也要正常揭盖草苫,尽量增加光照时间。如果连续阴雨天不揭开草苫,将导致幼苗体内的养分白白消耗而没有光合产物的积累,会使幼苗发生黄化和徒长,甚至死亡。

3. 水分管理　苗期保持基质的湿度,有利于雌花的形成。要根据基质湿度、天气情况和秧苗大小确定浇水量。穴孔内基质含水量一般在 60%～100% 之间波动,不宜低于 60%,更不宜等到秧苗萎蔫再浇水。阴天和傍晚不宜浇水。

秧苗生长初期,基质不宜过湿,秧苗子叶展平前尽量少浇水;子叶展平后供水量宜少,晴天应每天浇水,少量浇水和中量浇水交替进行,保持基质见干见湿;秧苗两叶一心后,中量浇水与大量浇水交替进行;需水量大时可以每天浇透;出圃前 3 天适当减少浇水。

在遵循浇水原则的前提下,高温季节浇水量应加大甚至每天浇 2 次水,低温季节浇水量要减小。灌溉用水的温度宜保持 20℃左右,低温季节水温低时应当加温后再浇施。每次浇水前,应先将管道内温度过高或过低的水排放干净。

4. 施肥　如果在配制基质时施入的肥料充足,整个苗期可不用施肥。如果发现幼苗叶片颜色变淡,出现缺肥症状时,可喷施少许质量优良的磷酸二氢钾(如瑞士汽巴磷酸二氢钾)500 倍液。在育苗过程中,切忌苗期过量追施氮肥,以免发生秧苗徒长而影响花芽分化。

高温季节育苗时肥料浓度宜低,自子叶展平开始施肥,氮肥浓度指标为 70 毫克/千克,随着秧苗的生长逐渐增大浓度,成苗时浓度为 140 毫克/千克。低温季节育苗时,肥料浓度宜提高一倍。

(六)西瓜壮苗标准

日光温室西瓜栽培一般用中龄苗(苗期30～35天)定植,要求3～4片真叶1心,叶片较大,呈深绿色,子叶健全且厚实肥大,株高15厘米左右,下胚轴长度不超过6厘米,茎粗5～6毫米,能见到雌花瓜纽,根系发达、较密,呈白色,没有病虫害。如果株高超过17厘米,茎粗小于5毫米,节间长,叶片薄而色淡,刺毛软,见不到瓜纽,根系稀疏,则为典型的徒长苗。如果株高低于13厘米,茎粗小于5毫米,叶片小而颜色深,节间很短,近生长点叶片抱团,瓜纽明显超过生长点,则为老化苗或僵苗。在定植时必须淘汰徒长苗、老化苗和僵苗。

(七)病虫害防治

1. 猝倒病和立枯病 播种前进行基质消毒,控制浇水,浇水后要通风,降低空气湿度;缓苗期夜温不得低于10℃,发病初期喷洒百菌清500倍液、多菌灵1000倍液、代森锌800倍液,每5～7天喷1次,连喷2～3次。

2. 疫病 播种前用福尔马林进行种子处理,发病初期喷施百菌清500倍液、代森锌1000倍液,每5～7天喷1次,连喷2～3次。

3. 病毒病 在夏季高温干旱的条件下,加之蚜虫为害,易发生病毒病。其防治方法是:播种前用10%磷酸三钠浸种20分钟,取出冲洗干净。苗期注意遮荫降温,保持土壤湿润。如发现蚜虫为害,可用吡虫啉1200倍液喷雾防治。

4. 白粉虱 可喷施扑虱灵(异丙威噻嗪酮)1200倍液或烯定虫胺2500倍液,每5～7天喷1次,连喷2～3次。还可用黄板诱蚜。

(八)正确识别与预防西瓜"戴帽"苗

西瓜育苗时经常出现"戴帽"出土现象,"戴帽"苗易形成弱苗而影响秧苗质量。

1. 症状识别　西瓜秧苗出土后,子叶上的种皮不脱落,俗称"戴帽",秧苗子叶期的光合作用主要是由子叶来进行的,如秧苗"戴帽"使子叶被种皮夹住不能张开,因而会直接影响子叶的光合作用,还会使子叶受伤,造成幼苗生长不良或形成弱苗,这样的秧苗定植后对后期植株的生长发育也有影响。

2. 发生原因　秧苗"戴帽"是由多种原因造成的。如种皮干燥、基质太干燥致使种皮容易变干;出苗后过早揭掉覆盖物或在晴天揭膜,致使种皮在脱落前已经变干;种子秕瘪,生活力弱等。

3. 防治措施　播种前要进行浸种处理,不能播干种;播种深度要均匀一致。加盖薄膜进行保湿,种子从发芽到出苗期间要保持湿润状态;幼苗刚出土时,如果基质过干要立即用喷壶洒水;一旦发现"戴帽"苗要立即人工"摘帽"。

(九)育苗期间易出现的问题与对策

1. 徒　长

(1)发生原因　外界气温低,育苗时不通风或通风不及时;揭盖草帘不当,致使光照不足。

(2)对策　在苗床管理过程中,通风降温一定要及时,以促使幼苗健壮生长。

2. 小老苗

(1)发生原因　揭膜通风、降温锻炼过早或营养不良,致使幼苗生长缓慢,易形成小老苗。

(2)对策　及时追肥和掌握好揭膜时间。

3. 灼　苗

(1)发生原因　灼苗多发生在育苗后期。这时中午的阳光直射畦内,使畦内温度升高,尤其在畦内湿度较小的情况下,幼苗的叶片易失水、干裂甚至死亡。

(2)对策　中午注意通风,勿使畦内的温度过高,同时要注意避免幼嫩小苗骤然见到强烈的光照。

4. 闪　苗

(1)发生原因　在苗床内温度较高的情况下,骤然通风。

(2)对策　苗床通风要由小到大逐步进行,使幼苗逐渐适应变化的环境。

二、西瓜穴盘嫁接育苗技术

(一)西瓜嫁接育苗主要的优点

1. 增强抗病能力,解决连作重茬问题　因日光温室连年重茬种植,使病害逐渐积累,虫害逐年上升。西瓜进行嫁接后,可以克服土壤连作障碍,防止根部病害发生,尤其可以避免镰刀菌枯萎病等土传病害发生,不仅减少了农药的施用量,减轻了对西瓜的污染,而且能降低劳动成本和劳动强度,使西瓜种植效益得到进一步提高。

2. 增产效果显著　砧木根系发达,吸水吸肥能力强,抗逆性强,嫁接后接穗得到了充足的水分和养分供应,生长速度加快且秧苗健壮,提高了增产幅度。据试验,嫁接西瓜比自根西瓜增产30%~50%。

3. 增强了植株抗逆性　用黑籽南瓜等砧木嫁接的西瓜,有效地促进了根系发育,提高了根系的耐寒、耐热、抗病等抗逆性和适应性,从而提高了嫁接西瓜的产量。当地温下降到8℃左右时,西瓜仍能保持较强的生长势,而不嫁接的西瓜则停止生长。如果低温持续的时间较长,不嫁接的西瓜还会出现"花打顶"、"寒根"等冷害现象。

(二)嫁接西瓜选用砧木的依据

西瓜嫁接栽培时必须选择优良的砧木,以达到防病和早熟的目的,因此砧木的选择在嫁接栽培中至关重要。选择砧木时要掌握以下 4 个基本原则:①砧木与接穗的亲和力,主要包括嫁接亲和力和共生亲和力。嫁接亲和力是指嫁接后砧木与接穗愈合的程度,可以用嫁接后的成活百分率来表示。嫁接后砧木很快就与接穗愈合,成活率高,则表明砧木与接穗的嫁接亲和力高,反之则低。共生亲和力是指嫁接成活后两者的共生状况,一般用嫁接成活后嫁接苗的生长发育速度、生育正常与否、结果后的负载能力等来表示。嫁接亲和力和共生亲和力并不一定一致,有的砧木与接穗嫁接成活率很高,但后期表现不良,表现为共生亲和力差。因此,选择砧木时,要选择嫁接亲和力和共生亲和力都较高且较一致的砧木。②砧木的抗病能力。选用砧木嫁接西瓜最重要的一个目的就是为了增强西瓜的抗病力,尤其是对镰刀菌枯萎病等土传病害的抵抗力,因此,选择的砧木必须具有抵抗这些病菌的能力,这也是选择砧木的一个重要因素。③砧木对西瓜品质的影响。不同的砧木对西瓜的品质会有不同的影响,因此西瓜在嫁接时,必须选择对西瓜品质基本无不良影响的砧木。④砧木对不良环境条件的适应能力。在嫁接栽培的情况下,西瓜植株的低温生长性、雌花出现的早晚和低温坐果性,以及根群的扩展和吸肥能力、耐旱性和对土壤酸度的适应性等,均受到砧木固有特性的影响。不同的砧木有不同的特性,对接穗的影响也不相同。因此,根据需要选用最适宜的砧木,是获得西瓜早熟、丰产和优质的关键之一。在日光温室栽培中,由于温度低、光照弱,应选择耐低温、耐弱光、对不良环境条件适应性强的砧木。

(三)适于西瓜嫁接的主要砧木品种

1. 长瓠瓜 又称瓠子、扁蒲。各地均有栽培,其果实长圆柱形和短圆柱形,皮绿白色;茎蔓生长旺盛,根系发达,吸肥能力强。用它作西瓜嫁接砧木亲和力好,植株生长健壮,抗枯萎病;根部耐湿、耐低温能力比西瓜强;坐果稳定,对果实品质无影响。

2. 圆瓠瓜 属大葫芦变种,扁圆形,茎蔓生长茂盛,根系深,耐旱性强。各地均有栽培。作西瓜嫁接砧木亲和性好,植株生长健壮,抗枯萎病,坐果稳定,果实大,对果实品质无影响。

3. 相生 为瓠瓜杂交种,是西瓜嫁接的优良砧木。由日本米可多公司培育,20 世纪 80 年代引入我国。用它作西瓜嫁接砧木亲和力好,成活率高;植株生长健壮,抗枯萎病;根系发达,较耐瘠薄,低温下生长性好;坐果稳定,果实大,对果实品质无影响。

4. 勇士 利用野生西瓜育成的杂交一代西瓜专用砧木。以勇士嫁接西瓜,亲和力好,坐果稳定,果实品质和自根西瓜完全相同。抗枯萎病,植株生长强健,在低温下生长性良好,但嫁接苗定植后初期生育较缓慢,进入开花坐果期生育旺盛。

5. 新土佐 印度南瓜×中国南瓜杂交一代种。用它作西瓜嫁接砧木,亲和性好,成活率高;幼苗低温下生长性强,抗枯萎病;能促进早熟,提高产量,对果实品质无明显不良影响。但是新土佐不是与所有的西瓜品种都有良好的亲和性,特别是与四倍体和三倍体西瓜表现不亲和,需先进行试验方能使用。

6. 同福 是目前高抗线虫的唯一品种,选用高抗线虫的野生西瓜及饲用西瓜杂交而成。用它嫁接后植株的亲和性更好,能提高西瓜品质,生理代谢更顺畅,植株叶色油亮,产量高,是难得的西瓜砧木之一。

(四)穴盘的选择

西瓜嫁接育苗要选用标准穴盘。砧木播种选择 50 孔穴盘,接穗播种选择 105 孔穴盘。

(五)基 质

选用的基质参阅西瓜穴盘育苗技术。

(六)嫁接方法

西瓜嫁接育苗所用的嫁接方法有靠接法、插接法、贴接法和劈接法等。穴盘嫁接育苗多用插接法和贴接法。

1. 插接法 先取砧木苗去掉其生长点,用一根光滑竹签从砧木子叶基部的一侧向胚轴中斜插其尖端,至顶住砧木下胚轴的表皮为止。竹签插入砧木内的长度一般控制在 0.5～0.7 厘米。削接穗时,用左手托住西瓜苗的两片子叶,将下胚轴拉直,右手拿刀片,从西瓜子叶下 1 厘米处以 30°角斜削一刀,把下胚轴大部分及根削掉,接穗的下胚轴上的斜切面为 0.5～0.7 厘米长。随即从砧木中拔出竹签,将接穗的切面向下插入砧木顶心的小孔中,使两者切口密切接合,并使接穗与砧木的子叶着生的方向呈十字形(图 3-1)。

采用插接法嫁接西瓜须注意:砧木南瓜的播种日期可以比西瓜的播种日期提前 3～5 天左右。嫁接的适宜形态是:西瓜苗子叶展平,砧木苗第一片真叶长到五分硬币一般大,一般在南瓜播后12～13 天进行。

2. 贴接法 ① 砧木准备。用刀片从砧木子叶一侧呈 75°角斜切,去掉生长点及另一片子叶,切口长约 0.7 厘米。②接穗准备。取接穗在子叶下约 1 厘米处与茎呈 25°角斜削接穗的茎,切口长约 0.7 厘米。将削好的接穗贴到砧木上,使两切口接合,再用嫁

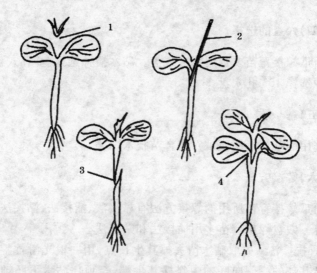

图 3-1　西瓜插接过程

1. 去掉南瓜顶芽　2. 斜向插入竹签　3. 削切西瓜接穗　4. 插上接穗

接夹子固定即可(图 3-2)。

(七)嫁接苗管理

　　嫁接苗成活率的高低与嫁接后的管理技术有着非常重要的关系。西瓜嫁接苗管理的重点是为嫁接苗创造适宜的温度、湿度、光照及通气条件,加速接口的愈合和幼苗的生长。

　　1. 保温　嫁接苗伤口愈合的适宜温度为 25℃左右,接口在低温条件下愈合很慢,影响成活率。因此,幼苗嫁接后应立即放入拱棚温室内,苗子排满一段后,及时将薄膜的四周压严,以利于保温、保湿。一般嫁接后 3～5 天内,苗床温度白天保持 24℃～26℃,不超过 27℃;夜间 18℃～20℃,不低于 15℃,3～5 天以后,开始通风,并逐渐降低温度,白天可降至 22℃～24℃,夜间降至 12℃～15℃。

　　2. 保湿　如果嫁接苗床的空气湿度比较低,接穗易失水引起

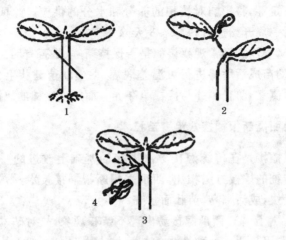

图 3-2　西瓜贴接过程

1. 砧木准备　2. 接穗准备　3. 接穗贴到砧木上　4. 用嫁接夹子固定

凋萎,将严重影响嫁接苗成活率。因此,保持湿度是关系到嫁接成败的关键。嫁接后 3～5 天内,小拱棚温室内空气相对湿度控制在85%～95%,但营养钵内土壤湿度不要过高,以免烂苗。

3. 遮光　在拱棚外覆盖稀疏的草苫或遮阳网,避免阳光直接照射秧苗而引起接穗萎蔫,夜间还可起到保温作用。在温度较低的条件下,应适当让嫁接苗多见光,以促进伤口愈合;拱棚内温度过高时适当遮光。一般嫁接后 2～3 天,可早晚揭除草苫以接受弱的散射光,中午前后覆盖草苫遮光。以后逐渐增加见光时间,一周后可不再遮光。

4. 通风　嫁接后 3～5 天,嫁接苗开始生长时可开始通风。开始通风口要小,以后逐渐增大,通风时间也随之逐渐延长,一般9～10 天后即可进行大通风。开始通风后,要注意观察苗情,发现嫁接苗萎蔫时要及时遮荫喷水,停止通风,避免因通风过急或时间过长而造成秧苗萎蔫。

5. 抹芽　砧木切除生长点后,会促进不定芽的萌发,如不及时除去不定芽,将影响对接穗的养分和水分的供应。此项工作约在嫁接后一周开始进行,每2～3天除芽1次。

另外,要注意经常观察接穗是否保持新鲜、是否有明显的失水现象等,幼苗成活后要进行大温差锻炼,促使幼苗健壮生长;及时去掉砧木侧芽,防止侧芽与接穗争夺养分而影响接穗的成活。

(八)西瓜断根插接穴盘育苗技术

断根插接是在传统嫁接方法插接的基础上改进的一项新技术。与传统的嫁接方法相比,西瓜采用断根插接技术,操作简单,嫁接速度快,成活率高,苗壮而整齐。

1. 品种选择 西瓜嫁接易出现不亲和现象,故对砧木要严格选择,宜选用与西瓜亲和性强的抗病砧木,如勇士、新土佐等。西瓜接穗要采用西瓜优质良种,如万福来、拿比特、早春红玉等品种。

2. 播种育苗

(1)播种时间 西瓜嫁接用砧木冬季育苗应根据供苗时间提前45天播种,早春育苗提前40天播种。西瓜采用断根插接法,一般在砧木长到一叶一心、接穗从子叶出土到子叶平展时嫁接。因此,接穗种子应在砧木刚露心叶时播种为宜,这样砧木一般比接穗早播3～5天。

(2)浸种催芽 砧木种子用初始温度为55℃～60℃的温水浸种12小时,捞出沥干后,放入30℃的培养箱中催芽,每8～12小时换气1次。砧木种子需催芽36小时左右,发芽率可达85%以上。接穗种子用初始温度为55℃～60℃的温水浸种6～8小时,放入30℃的培养箱中催芽24小时,发芽率可达80%以上。

(3)播种育苗 砧木苗采用50孔穴盘播种,其基质用草炭与蛭石以体积比2∶1配制而成,播种前用72.2%霜霉威500倍液和农用链霉素400万单位进行基质消毒,浇透底水。每孔播1粒,将砧木种子平放,芽尖朝下,播种后用95%噁霉灵可湿性粉剂

3 000～4 000 倍液喷洒苗床,将温度计平放在穴盘表面,出苗前白天温度控制在 28℃～30℃,夜间控制在 20℃～22℃。出苗率达50%～70%时再用噁霉灵可湿性粉剂 3 000～4 000 倍液喷洒 1次,齐苗后喷洒第三次,防止苗期病害,注意砧木苗的及时"脱帽",加强通风透光,将白天温度控制在20℃～25℃,夜间控制在13℃～15℃,防止下胚轴徒长。当砧木刚露心叶时,开始播种接穗种子,采用 72 孔、105 孔或 128 孔穴盘均可,所用基质与砧木相同。每孔播种 4～5 粒,播种后用噁霉灵可湿性粉剂 3 000～4 000 倍液喷洒苗床,出苗前将白天温度控制在 28℃～30℃,夜间控制在 22℃～25℃,出苗后白天控制在 25℃～28℃,夜间控制在 18℃～20℃。如有"戴帽"苗要及时"脱帽"。当砧木长到 1 叶 1 心时开始嫁接。

3. 断根插接

(1)断根插接前的准备 嫁接前首先要搭建嫁接棚,嫁接棚的规格可根据苗床大小和穴盘宽度而定,一般棚宽为 1.6 米,高 0.9米,棚上覆盖塑料薄膜和遮阳网。其次,要准备好嫁接竹签、刀片等嫁接工具,并用 70%医用酒精消毒。其次,要准备好盛有经消毒基质的 50 孔育苗穴盘,浇透底水,用 50 孔专用打孔器打孔,以备嫁接后将嫁接苗插入穴盘。最后,嫁接前一天要用 72.2%霜霉威 700 倍液＋农用链霉素 400 万单位的混合液喷洒砧木和接穗,直到叶片滴水为止。

断根插接一般可在温室内进行,适当遮光,将温度控制在20℃～25℃为宜。

(2)断根插接方法 先将砧木断根,然后采用插接法嫁接。嫁接前用刀片将砧木从茎基部断根,嫁接时去掉砧木生长点,用竹签紧贴子叶叶柄中脉基部向另一子叶柄基部呈 45°角左右斜插,竹签稍穿透砧木表皮,露出竹签尖;在西瓜苗子叶基部 0.5 厘米处垂直于子叶方向将胚轴切成楔形,切面长 0.5～0.8 厘米,拔出竹签,将切好的接穗迅速准确地斜插入砧木切口内,竹签尖端稍穿透砧木表皮,使接穗与砧木吻合,子叶交叉呈"十"字形。完成嫁接后,迅速将断根嫁接苗插入事先准备好的 50 孔穴盘内进行保温育苗。

4. 断根插接苗的管理

(1)断根插接后 1～3 天的管理 采用断根嫁接的嫁接苗对温度要求较高,嫁接后 1～3 天将白天温度控制在 25℃～30℃,夜间温度控制在 20℃～22℃,促进发根和愈合,如果温度超过 32℃,可进行遮荫降温。但如果遮荫后温度仍超过 35℃,可在膜上浇水降温,有条件的还可采用湿帘降温,保持温度在 32℃ 以下。嫁接后的湿度管理很重要,湿度过高嫁接苗易得病而导致烂苗,湿度过低接穗易萎蔫干枯。嫁接后 1～3 天,为促进接口愈合,应以保湿为主,以接穗生长点不积水为宜。同时,嫁接后 1～3 天要注意遮光,但在接穗不萎蔫的情况下可适当见光。在一般情况下,在密闭的温室内,只要空气相对湿度达到 90%,接穗就不会萎蔫,因此,嫁接后嫁接苗第一天就可以适当见光,但时间要短,以早晚见光为宜。

(2)断根插接后 4～6 天的管理 断根嫁接后 4～6 天嫁接苗愈合,心叶萌动,温度要适当降低,一般白天温度控制在 22℃～25℃,夜间控制在 18℃～20℃,空气相对湿度可降低到 90%,以接穗不萎蔫为宜。同时应适当通风透光,并逐渐延长光照时间,加大光照强度。当接穗开始萎蔫时,要保湿遮荫,待其恢复生机后再通风见光。

(3)断根插接 7 天后的管理 断根嫁接 7 天后嫁接苗基本成活,此时应以炼苗为主,白天温度仍控制在 22℃～25℃,夜间降低为 16℃～18℃,空气相对湿度降低到 85% 左右,并加大通风透光。此期一般不再需要遮荫保湿,但要时刻注意天气变化,特别是多云转晴天气,转晴后接穗易萎蔫,一定要及时遮荫,通过"见光—遮荫—见光"的炼苗过程使嫁接苗进一步适应外界环境。嫁接苗在生长过程中,其砧木子叶节上会发生不定芽,此期要及时摘除。通过以上的管理方法,一般 10 天后嫁接苗可完全成活,随即进入正常的苗床管理,当植株具两叶一心时即可定植。

三、西瓜泥炭营养块育苗技术

(一)泥炭育苗营养块的突出优点

1. 无菌无害、无病虫卵　泥炭是沼泽草本植物遗体在高湿厌氧的环境中经万年堆积不完全分解而成的富含水分、有机质、腐殖酸、多元缓释养分的松软地质体,无菌无害,不含病虫卵,克服了传统育苗老园土携带病菌、虫卵等引起土传病虫害的缺点,还可减少草害的发生,从而极大地减轻了苗期管理中防病治虫的劳动强度和节省了人力、物力的投入。

2. 有利于幼苗健壮生长　泥炭本身就富含营养,制作育苗块时又加入了多种营养,可满足蔬菜幼苗对养分的需求,保证了幼苗健壮生长。有关资料显示,用泥炭营养块育出的西瓜苗茎粗增加20%～22%,根数增加 20%～30%,根干重增加 40%～50%,叶面积增加 10%～12%,从而显著地提高了幼苗的抗逆性有利于培育壮苗。

3. 养分供应时间长,管理幼苗省工省时　营养块中含有大量的有机质、腐殖酸和多种缓释营养元素,其养分供应可达 70～80天,无须施肥,对幼苗管理极为简便,仅需按时补水即可。

4. 定植时无须缓苗,产品提前上市,增产增收　幼苗营养块可直接定植,不伤根,不缓苗,定植后直接进入旺盛生长阶段,西瓜可提早 7～15 天成熟,平均增产 20%～30%。

5. 改良土壤,培肥地力　泥炭中含有丰富的有机质、腐殖酸、纤维素、氮、磷、钾及多种微量元素,有较强的吸附性,能平衡土壤中的盐分含量,调节 pH,有很好的离子交换能力。带营养块定植可提高土壤中有益菌群数量,增加土壤有机质,提高土壤肥力,改善土壤理化性状。

(二)育苗方法

采用泥炭营养块育苗是一种新型的育苗方式,有别于传统的育苗方式。只有正确掌握育苗方法,才能达到预期目的。

1. 种子处理 播前将种子晾晒 2 天,提前 1～2 天浸种催芽,种子露白时待播。

2. 做畦铺膜 播前 1 天在育苗地做畦,畦高 5～7 厘米,畦宽1.2 米,长度据播种数量而定,将畦面整平压实,上铺农用薄膜,防止水分渗漏外流和根系下扎。

3. 摆营养块,浇透水 在畦面的农膜上,按播种的数量整齐摆放育苗营养块(选用圆形小孔 40 克营养块),按每 100 个育苗营养块吸水 15 升浇水,分 2～3 次浇完,以便充分吸收。吸水后营养块迅速膨胀、疏松,用竹签扎刺营养块,如有硬心须继续加水,直至全部吸水膨胀为止。

4. 播种覆盖 营养块吸水膨胀的第二天,在每个营养块的播种穴里播 1 粒露白的西瓜种子,上覆 1～2 厘米厚的专用覆种土,无须按压,育苗块间隙不必填土,以保持通气透水,防止根系外扩。

5. 苗期管理 播种后对营养块不要移动、按压,否则易破碎,2 天后即会固结一体、恢复强度,这时方可移动。管理上视营养块的干湿和幼苗的生长情况及时补水,防止缺水烧苗。整个苗期只浇水无须施肥。定植前 3～4 天停水炼苗,定植时将营养块一起定植,在营养块上面覆土 2～3 厘米,栽后浇透水。

(三)注意事项

第一,定植时,应把营养块全部埋在土中,上面至少盖土 2～3厘米,定植后应浇透水。

第二,对老龄棚地等病害较多的土壤,应在定植穴内适当加入杀菌剂,以防止病菌侵染。

第三,幼苗达到苗龄要求及时定植,如不能按期定植,应采取措施防止出现根系老化和脱肥现象。

四、西瓜插蔓繁殖技术

无籽西瓜是西瓜中的高档产品,目前在生产上推广的主要是三倍体无籽西瓜。但因三倍体无籽西瓜的种子价格昂贵,发芽率及成苗率低,育苗成本较高而有碍推广。但如果采用插蔓繁殖,不仅简易快速,而且由于扦插苗成活后即可抽蔓生长,可弥补籽繁三倍体无籽西瓜苗期生长慢的不足,提早开花结果。

(一)插条培养

在扦插前 40～50 天,采用温室或塑料日光温室保护地内播种育苗,株距 20 厘米、行距 50 厘米,建立采蔓圃。当瓜苗抽蔓长达10 厘米以上时即可采蔓扦插。

(二)插床准备

扦插苗床与一般苗床相同,可采用塑料营养钵、营养纸钵或营养土块等培育。但必须采用塑料日光温室覆盖或采用其他保护措施,以便保温、保湿、防风和遮荫等。

(三)生根液的配制

将 1 克吲哚乙酸粉剂放入小杯中,加入少量酒精,待其溶解后倒入盛有 5 升清水的容器中。扦插西瓜插条时,量取 10 毫升原液并倒入盛有 10 千克清水的容器内搅匀,即为扦插用的生根液。

(四)采 蔓

从采蔓圃内切取西瓜蔓并根据采蔓部位不同切成不同长度的插条,一般基蔓段带 1~2 片叶,中部蔓段带 2~3 片叶,顶部蔓段带 5 片叶左右,然后用湿纱布或塑料袋包好,防止失水萎蔫。如插条数量充裕,应尽量选用壮龄蔓来切段。

(五)扦 插

扦插前先将插床内营养钵浇透水,喷洒百菌清 500 倍液和甲基硫菌灵 800 倍液等杀虫防病药液,并将插条基部的 1 片叶切去(卷须、花蕾等均应去掉,保留茎节,以利于产生不定根),基端削成马蹄形,将插条下端浸入生根液中半分钟后取出,与土面呈 45°倾角插入营养钵,深度为 3.5 厘米左右。

(六)插后管理

插后 3 天内要在塑料日光温室上加盖草帘遮荫,防止日光直射。每天上午在插条叶面上喷 1 次 0.3%尿素和磷酸二氢钾液,白天地温保持 28℃~32℃,夜间保持 20℃~22℃。床内相对湿度应保持在 95%以上,以塑料棚膜上挂满水珠为标准。每隔 1~2天在插条基部喷洒 1 次生根液,每次每株 10 毫升左右。插后 4~6 天只需中午前后遮荫,7 天后插条开始生根成活,无须遮荫。成活后苗床管理与一般育苗相同。待插条新生 2~3 片叶,即插后10~15 天可移栽。

第四章 日光温室西瓜多茬次栽培技术

一、冬春茬

(一)品种选择

选择中早熟品种,如京欣1号、郑杂5号、黑美人等。

(二)培育壮苗

12月下旬至翌年1月上旬培育嫁接苗。

(三)适时定植

1. 定植时间 在2月上中旬,当嫁接苗具3~4片真叶时,选择晴天上午栽植。

2. 整地施肥 结合深翻地每667平方米施优质充分腐熟有机肥3 000千克、磷酸二铵30千克、硫酸钾20千克、尿素15千克、硼砂1千克、辛硫磷0.3千克和多菌灵2千克,以上肥料与农药充分掺匀后均匀撒施,而后深翻地30厘米,按南北行做畦,畦高20厘米,宽120厘米,畦沟深20厘米,宽40厘米,再将畦面整平耙细。密植时,采用南北向,宽窄行定植,有利于通风透光,且人工操作便利。畦面宽行距离100厘米,沟边窄行距离60厘米,平均行距80厘米,株距35~45厘米,每667平方米栽苗1 800~2 200株。定植时,距畦边10厘米处开穴,深10厘米,穴底撒施硫酸钾复合肥10克,将瓜苗带坨轻轻放入穴中浇足水,于下午2~3时待穴温提高以后再以熟土封穴。定植后用黑地膜全覆盖,并开口将瓜苗放出。

(四)田间管理

1. 立架引绳 缓苗后应及时吊蔓,不能让瓜蔓爬在地上,可用塑料绳或尼龙绳吊蔓,既可减少遮光,又可省去绑架的麻烦。具体方法是:首先在温室上部距瓜苗 2 米高处东西方向拉 2 道 8 号铁丝(南北各一道),然后在两道铁丝上南北向拉 16 号铁丝,每一栽培行上方拉一道。距植株根部 5~8 厘米处插一根粗 0.5 厘米、长 20 厘米的木棍,插深 12~15 厘米。从铁丝上引出两条引绳,一条引绳待瓜秧长至 20 厘米时,拴到木棍上,把瓜蔓绕在绳上,以后随着瓜秧的生长及时绕蔓,或把细绳直接系于第一至第 3 片真叶瓜蔓之间,拴成活扣(不可太紧),以免影响瓜蔓生长;另一条引绳待幼瓜坐牢时,用绳圈或网兜托住吊起,防止瓜大而坠落。也可用塑料绳系住瓜柄吊瓜。

2. 温度控制 缓苗期白天温室内温度保持 27℃~32℃,夜间保持 16℃~20℃;3 天后室温白天保持 25℃~30℃,夜间保持 14℃~16℃;坐瓜后室内温度白天保持 28℃~35℃,夜间保持 16℃~20℃。如室温过高时,可开顶风口通风降温;夜温低时,可加盖草苫和防雨防雪膜保温。

3. 肥水管理 西瓜需水量虽然较大,但却不耐湿,如温室内空气相对湿度过高,容易引起各种病害。因此,提倡地膜全覆盖栽培,并实行膜下灌水,及时通风排湿,把室内空气相对湿度控制在 50%~60%。在缓苗期与开花期要求湿度稍高,达 80% 左右,以利于缓苗和授粉坐瓜。西瓜定植后可浇 3 次水:在瓜秧长至 6~8 片叶时,结合追施硫酸钾复合肥 15 千克浇,第一次水催秧,此期水量不宜过大,以防瓜秧疯长;第二次水于幼果如鸡蛋大小时浇,开始施用膨瓜肥,以速效性肥为主,适当增施磷、钾肥,浇大水,每 667 立方米追施硫酸钾复合肥 35 千克和尿素 10 千克;第三次水于浇第二次水后 10～15 天进行,结合浇水追施硫酸钾复合肥 15 千克。施用瓜肥时要注意做到如下三点:①施肥宜在晴天早晨进行,施肥后沟内灌水不宜大;施后 2～3 天及时放风,忌伤叶片。同时加强根处追肥,在西瓜坐住后用磷酸二氢钾喷洒叶面,每隔 5～7 天喷 1 次,连喷 3 次,可增加甜度。②用立架法栽培西瓜。由于种植密度大,光合作用强,二氧化碳的供应量相对不足,单靠通风解决不了植株光合作用对二氧化碳的需求,所以应在晴天上午采用硫酸、碳铵反应法或燃烧二氧化碳气棒法增大室内二氧化碳的浓度,提高光合效率。

4. 整枝　西瓜整枝应根据品种的不同,采用单蔓整枝或双蔓整枝。单蔓整枝时,引绳上仅留主蔓延长,将其余子蔓全部摘除。双蔓整枝时,保留主蔓作为结果蔓,让其在引绳上生长,再从基部选留 1 条单子蔓作营养枝,将其余子蔓全部摘除,并进行打顶、摘老叶、除侧蔓。当西瓜坐稳并长到如拳头大小时,在果实上留 4～6 片叶打顶,同时,分批把植株下部的老叶和侧蔓摘除。

5. 授粉　西瓜属于同株异花的虫媒花植物。由于温室内昆虫少,自然授粉困难,所以需进行人工辅助授粉。授粉应于晴天上午 8～10 时进行,把当天开放的雄花(不可用前一天开放的雄花)花蕊摘下,对准雌花柱头涂抹,动作要轻,不要伤及柱头,否则将影响雌花发育而形成畸形果和僵果,甚至坐不住果。同时要做好标记,以便及时采收。

6. 留瓜　选好适宜的坐果节位。据统计,在主蔓第十二至第十五片叶的第二朵雌花留的瓜单瓜重比第一朵雌花留的瓜重,因此应将坐果节位留在主蔓第十二至第十五片叶的第二朵雌花上,并做到及时疏果,实现 1 株 1 果,以集中营分,促进果实膨大,提高单果重量和商品果率。当西瓜长至拳头大小时,用透气性好的网子(棉线网、塑料线网、草绳网等)将果实兜吊起来,或用塑料绳系瓜柄吊瓜,防止因果实太重而把瓜蔓勒断。

7. 选留二茬瓜 头茬瓜收获后,用剪刀把瓜蔓从茎部 60 厘米处剪断,然后清理瓜棚,将剪下的瓜蔓连同杂草清出温室。同时每 667 平方米追施尿素 15 千克、硫酸钾 15 千克或硫酸钾复合肥 20 千克,结合追肥浇水促发新蔓,选长势壮的新蔓作结果蔓,其他各新蔓如果双蔓整枝,可再保留一蔓作营养枝,其余抹除,其后管理同头茬瓜。二茬瓜生长发育中因光照足,气温高,幼瓜发育快,瓜个大,产量,品质均优于头茬瓜,可显著提高日光温室经济效益。

(五)病虫害综合防治

温室西瓜栽培对病虫害要采用综合防治技术,如加强通风、透光,增施有机肥,提高植株抗性,保持植株健壮生长等措施。药物预防用 78%科博(波尔多液+代森锰锌)可湿性粉剂或 52.25%抑快净(有效成分为噁唑菌酮和霜脲氰)水分散粒剂,每 10~12 天喷 1 次,花前喷 1 次,坐瓜后喷 2 次,基本上即可控制西瓜疫病、霜霉病及白粉病的发生。虫害主要是潜叶蝇,可用 75%灭蝇胺可湿性粉剂 3 000~5 000 倍液,或 1.45%捕快(阿维菌素+吡虫啉)可湿性粉剂 1 000~1 500 倍液,或 5%抑太保乳油 2 000 倍液,或 48%毒死蜱乳油 1 000 倍液喷雾,每 5~7 天喷 1 次,连喷 3~4 次。采收前 7 天停止用药。

二、早春茬

(一)培育壮苗

西瓜日光温室早春栽培的育苗期在冬寒季节。若无加温条件的温室,苗床应设在温室中部且光照最充足的部位,与温室方向一致,一般做成宽为 1.2~1.5 米的高畦。为了提高效果,可在底部铺设电加热线(70~100 瓦/平方米),在苗床上架设小拱棚覆膜保温,双层覆盖基本上可以满足温度要求,必要时可在小拱棚上加盖草苫、无纺布保温防寒,如播种期推迟,床底不必铺设电加温线。

如果采用营养钵育苗,营养土要富含有机质,且土质要疏松、保肥保水力强、透气性好,以利于根系生长发育。苗期采取分段变温管理,出苗前温度保持在 30℃～35℃。多数种子出土后,揭除地膜,适当降温,白天保持 25℃,夜间保持 18℃左右,抑制下胚轴伸长。当第一片真叶展开后适当升温,白天保持 28℃左右,夜间保持 20℃左右,以促进植株生长,并改善光照条件,力争 30～35 天内达到壮苗标准,不发生僵苗和徒长苗。移植前 5～7 天降温炼苗,提高瓜苗的适应性,以便于定植。

(二)定　植

1. 基肥　西瓜需肥量较普通西瓜少,自根苗为普通西瓜的 70%,嫁接苗为普通西瓜的 50%。早熟栽培用肥量增加,通常在前作收后翻耕冻垡,改良土壤,越冬后全面施肥,每 667 平方米施腐熟人、畜粪 2 000 千克左右,过磷酸钙 50 千克。翻耕做畦时,施三元复合化肥 30～40 千克。

2. 种植密度　吊蔓或立架栽培,株行距 40 厘米×90～100 厘米,每 667 平方米栽 1 800 株左右。

3. 适时定植　早春日光温室定植,土温稳定在 15℃以上,气温在 12℃以上,抢晴天进行。

(三)田间管理

1. 温光管理　在瓜苗发育的不同时期,其管理也有区别。缓苗期需要较高温度,白天保持在 30℃左右,夜间保持 15℃,最低10℃;土温保持在 15℃以上。夜间多层覆膜,日出后由外及内逐层揭膜,午后由内向外逐层覆膜。发棵期白天保持在 22℃～25℃,超过 30℃时开始通风。通风不仅可调控温度,而且可降低空气湿度,增加透光率,补充温室内二氧化碳,提高叶片同化效果。午后盖膜的时间以最内层小棚温度 10℃为准,温度高时晚盖,温度低时早盖,阴雨天提前覆盖,夜间保持 12℃以上,10 厘米土温保持 15℃。伸蔓期营养生长期的温度可适当降低,白天保持 25℃~28℃,夜间保持在 15℃以上。随着外界气温的升高和瓜蔓的伸长,不需多层覆盖时,应由内向外逐步揭膜。定植后 20~30 天,当夜间日光温室温度稳定在 15℃时,拆除日光温室内所有覆盖物。开花结果期需要较高的温度,白天保持在 30℃~32℃,夜间适当提高温度,以利于花器发育和授粉、受精,促进果实发育。

2. 整枝方式 ①摘心整枝。一般于 5~6 片真叶时摘除生长点,待子蔓抽生后,保持 3~5 条生长相近的子蔓平行生长,摘除其余子蔓及坐果前由子蔓上抽生的孙蔓,形成 3~5 蔓后整枝。②留主蔓整枝。保留主蔓,在基部留 2~3 条子蔓,摘除其余子蔓和坐果前发生的子蔓和孙蔓,形成 3~4 蔓后整枝。

整枝时注意促进坐果,合理留果。一是注意留果节位。以留主蔓或侧蔓上第二、第三朵雌花坐的果为宜,使果实生长有较大的叶面积,可以增大果个。第一、第二茬瓜每株留 2~3 个;留 2 个瓜的,单瓜重一般可达 2~2.5 千克;留 3 个瓜的,一般单瓜重 2 千克左右。二是促进坐果。在西瓜适宜节位的雌花开放时,应进行人工辅助授粉,可以提高坐果率。特别是在前期低温、弱光条件下进行人工授粉效果更好。有些品种前期雄花发育不全,缺少花粉,可以先配植少量雄花量多的品种,保证花粉供应,以利于结果。

3. 肥水管理 在施足基肥、浇足底水、重施长效有机肥的基础上,头茬瓜采收前原则上不施肥,不浇水。如果土壤缺水,于膨瓜前适当补充水分。当头茬瓜多数已采收、二茬瓜刚开始膨大时应进行一次追肥,追肥以氮、钾肥为主,每 667 平方米施三元复合肥 25 千克,于根外开沟撒施,施后覆土、浇水。二茬瓜采收时可再追施一次肥,施肥量及方法同第一次,但浇水次数应适当增加。西瓜植株上坐有不同茬次的果,由于,植株自身调节水分和养分的能力较强,裂果现象比较轻。此外,要注意适时除草、理蔓、剪除老叶、防治病虫害,争取实现西瓜的优质高产。

(四)及时采收

温室早熟栽培西瓜果实发育期气温较低,头茬瓜需 30 天以上,二茬瓜需 28 天左右,三茬瓜需 22~25 天。坐果后挂牌标记是适时采收的重要依据,也可在采收前采样开瓜测定。采收生瓜将严重影响品质,特别是黄肉品种的西瓜,必须等到充分成熟后再采收。及时采收有利于提早上市、提高产量、提高效益。

三、秋 冬 茬

(一)品　种

选用优质、抗逆性强、适于密植的品种,如黑美人、黄小玉等。

(二)育　苗

一般于 7 月 20 日开始育苗。利用葫芦作砧木对西瓜实行嫁接育苗。注意防止高温和病毒病。

(三)定　植

1. 整地、施肥　因西瓜不吊蔓栽培,密度较大,基肥用量较高,每 667 平方米施腐熟圈肥 5 000 千克、腐熟鸡粪 3 立方米、三元复合肥 40 千克,开沟深施于畦内。

2. 适时合理定植　当接穗长至 3 叶 1 心时定植,定植前先起垄,垄背宽 70 厘米,底宽 90 厘米,两垄间相距 50 厘米,一垄双行,垄上行距 50 厘米,两垄苗间形成 70 厘米的大行距,垄上苗间株距为 30 厘米。定植适期为 8 月 5～10 日。

(四)田间管理

1. 温度管理　生长前期,当气温超过 34℃时,温室棚膜上应加盖遮阳物,防止温度太高烤苗或诱发病毒病;生长中后期,夜间温度低于 15℃时覆盖棚膜。

2. 肥水管理　瓜苗定植后的伸蔓前期,每 667 平方米浇施三元复合肥 8 千克作为提苗肥;幼果期浇施三元复合肥 15 千克;膨果期浇施尿素 10 千克、硫酸钾 20 千克,叶面适当喷施磷酸二氢钾,效果更好。

3. 引蔓整枝　温室西瓜吊蔓栽培,采用双蔓整枝方法,两蔓上引,选留第三朵雌花坐瓜,瓜坐稳后,每棵留 1 个果形端正的瓜。在西瓜膨大期间注意打掉蔓上侧杈,瓜重 0.5 千克时及时用网袋吊起,以防止落瓜。

4. 病虫害防治　温室西瓜前期以防治病毒病为主,瓜膨大期以防治炭疽病、疫病为主。可分别用 20% 吗啉胍・乙酮 500 倍液喷雾防治病毒病,用 72% 霜脲・锰锌 800 倍液喷雾防治疫病等。

(五)采　收

西瓜从授粉到成熟仅需 28 天,应及时采收。

(六)二茬瓜生产

第一朵花结的瓜收获后,应及时剪掉老蔓,从基部留 2 个侧芽生长成新蔓,疏去多余侧枝。值得提及的是,第一茬瓜在中秋、国庆节期间采收,第二茬瓜在 11 月份坐瓜,此时外界气温降低,温室必须加盖草苫保温,以确保幼瓜生长发育所需温度,保证西瓜正常成熟,元旦上市。

四、夏秋茬

(一)移栽前准备

1. 日光温室消毒　在西瓜移栽前 15 天,清除前茬秸秆,深翻全棚,进行晒土,以土壤晒白为好,这样可减轻土壤中病菌残留,加速土壤风化。连茬种植的最好进行高温消毒处理,即全温室深翻后,灌水至土壤湿润,上覆棚膜,利用夏季高温闷棚至 55℃以上持续 7～10 天,利用高温、水蒸气的共同作用进行温室高温消毒,消灭温室内残留的病菌和土传病害。

2. 遮阳、防虫盖膜　为减少自然气候条件对秋栽西瓜的不利影响,温室必须做到全程覆盖栽培。在温室顶覆盖棚膜,前期避雨,后期保温;前期在膜上覆盖遮阳网,以减少强光对瓜苗生长的抑制作用和降低棚温,并用防虫网覆盖通风口,防止害虫侵入温室内为害西瓜。

夏秋西瓜栽培一般不进行地膜覆盖,为减少病虫草害和防止土壤板结,也要覆盖地膜。地膜最好用银灰色膜,可大大减轻蚜虫、蓟马的为害。如果用普通地膜覆盖,必须在地膜上覆盖稻草,以降低地温,防止幼苗被烫伤。

3. 整地施肥　夏秋茬西瓜应提早整好地,做好畦,施好施足基肥。基肥以有机肥和速效肥为主,一般每 667 平方米施有机肥 2 000 千克＋复合肥 30 千克,结合翻耕全层施入。做畦同早春栽培。

(二)移　栽

夏秋西瓜一般在有 2 片真叶时移栽,以防止根系老化。定植时间不宜太迟,一般在 7 月底至 8 月中旬定植。夏秋西瓜因生长势弱于早春促早栽培,为保证秋茬西瓜中后期一定的叶面积,提高产量,立式栽培株距 40 厘米,每 667 平方米栽 1 600~1 800 株。定植时间以傍晚太阳光较弱时或阴天定植为好,以便有足够的时间缓苗。移栽时应做到边移植边浇定根水边盖遮阳网,以促进幼苗尽快恢复生长。

(三)田间管理

1. 遮阳提墒促生长　由于夏秋茬西瓜定植后气温较高,光照强,为加速茎蔓生长,做到在高温期遮阳网全天覆盖过渡到揭两头盖中午,逐渐增加光照时间;同时注意肥水双促,定植后保持土壤潮湿。在放蔓初期,每 667 平方米用三元复合肥 15 千克随水冲施,以促进茎蔓生长。

2. 适墒增肥　随着植株长至 20 节左右,夏秋茬西瓜开始进入坐果期,此期要增加光照强度,控制土壤持水量,适当放缓茎蔓生长速度,促进瓜胎发育,形成粗壮瓜胎,提高坐果率。当瓜长到如鸡蛋大小时,根据长势每 667 平方米浇施三元复合肥 15 千克,以促进果实膨大。

(四)植株管理

夏秋季延迟栽培一般采用 2~3 蔓整枝,即只保留主蔓和主蔓基部 1~2 条健壮的侧蔓。在夏秋茬西瓜生长前期,从团棵至蔓长到 50~60 厘米时,以理蔓为主,尽可能快速培养营养体,形成一定的叶面积和光合能力。从蔓长到 50~60 厘米至坐果前,植株茎叶生长旺盛,侧枝大量萌生,以整枝为主,结合理蔓,当蔓长到 50~60 厘米时,留选主蔓及 1~2 条生长健壮的孙蔓。在坐果前去除主蔓上发生的其他侧蔓,选留侧蔓上发生的侧枝,保持田间适宜的群体营养面积。坐果后放任生长,增大叶面积系数,为果实膨大和成熟提供充足营养;并适当进行理蔓,使枝蔓分布均匀,为第二批坐瓜打好基础。为防止茎叶过分荫蔽而影响果实成熟,可将遮住果实的枝蔓拨开,使果实充分见光,以利于果实膨大和内部糖分的积累,同时也利于果实的着色。第一批瓜采收时,为保证第二批瓜生长,应打去部分衰退枝蔓,促发新枝,维持一定的营养面积。

(五)人工授粉

夏秋茬西瓜雌花分化较晚,节位高且间隔较大,在自然条件下,坐果率不高,要想在理想节位上坐住瓜,提高坐果率,必须同早春栽培一样进行人工授粉。夏秋茬西瓜一般采用第二、第三节雌花坐瓜,节位在第二十至第二十五节,此时已形成一定的营养面积,有利于生殖生长与营养生长的平衡。人工授粉一般在上午7～9时进行,此时花粉活力最高。第二批坐瓜时期气温开始下降,此时人工授粉可在上午7～10时进行,阴天可全天进行。其授粉方法同早春。夏秋茬西瓜第二批瓜最迟坐瓜期为10月5日,确保在11月中旬成熟。

(六)采　收

根据授粉标记和田间抽样,确定批次西瓜的成熟度。一般当地销售以9成熟为宜,外地销售以8～9成熟为宜。采收宜在晴天早晨露水干后进行,采收时宜用刀割或剪刀剪,将果柄留在瓜上,这样做一方面有利于通过果柄的干枯状态来鉴别西瓜的新鲜程度,另一方面采收时伤口不直接留在瓜上,可减少因伤口感染直接引起西瓜的腐烂,可延长贮存时间。

第五章　日光温室西瓜土壤障碍控防技术

一、土壤板结

(一)表　现

日光温室土壤表层形成片块状,土壤黏重,透气性差,渗水慢,表明土壤团粒结构遭到严重破坏。这种情况多出现在种植多年或使用推土机新建造的西瓜日光温室,这是土壤板结严重的表现。

(二)原因分析

1. 不合理使用化肥造成　长期单一地施用化肥,腐殖质不能得到及时的补充,会引起土壤板结,还可能龟裂。向土壤中过量施入氮肥后,微生物的氮素供应增加 1 份,相应消耗的碳素就增加 25 份,所消耗的碳素来源于土壤有机质,有机质含量低,影响微生物的活性,从而影响土壤团粒结构的形成,导致土壤板结;向土壤中过量施入磷肥时,磷肥中的磷酸根离子与土壤中钙、镁等阳离子结合形成难溶性磷酸盐,既浪费磷肥,又破坏了土壤的团粒结构,致使土壤板结;向土壤中过量施入钾肥时,钾肥中的钾离子置换性特别强,能将形成土壤团粒结构的多价阳离子置换出来,而一价的钾离子不具有键桥作用,致使土壤团粒结构的键桥被破坏而造成土壤板结。

2. 使用推土机筑墙体不科学　新建日光温室时,推土机把熟土层(即耕层)推到墙体上,而留下的耕作土壤为原来的生土层,土壤中有机质含量较低,土壤多为柱状或块状结构,而团粒结构含量很少,土壤非常黏重,通气性、透水性极差,不利于西瓜根系的生长发育;土壤缓冲能力弱,造成盐分积累,发生次生盐渍化。

3. 优质有机肥投入量少　改良土壤、培肥地力时,土壤有机质含量不高,更新缓慢。

4. 大水漫灌或沟灌　不科学的大水漫灌或沟灌,破坏了灌溉行土壤的团粒结构,造成土壤板结,土壤通气、透水性能变坏。

5. 管理不科学　西瓜定植后,在栽培管理期间进行整枝、打杈、喷药、施肥、采收等操作,行间土壤被踩压、踏实,也是造成土壤板结的重要原因之一。

(三)改良途径

1. 增施有机肥料　有机肥料的使用应当切实注意有机质的含量问题,因为只有高有机质含量的有机肥料才具有培肥地力、改良土壤的效果,而含氮量高的有机肥料改良土壤的效果不十分明显。如鸡粪的含氮量较高,在土壤中分解较快,培肥地力、改良土壤的效果较差。

2. 实行秸秆还田　秸秆包括麦穰、麦糠、粉碎的玉米秸等,都是目前较好的有机肥资源,其有机质含量高,改土效果非常明显。一般在作物定植前 20～30 天,每 667 平方米使用 1 000 千克左右的秸秆,灌足水,盖上地膜,盖严日光温室薄膜闷棚,既具有改良土壤的良好效果,又能有效地消除日光温室土壤的次生盐渍化,并且投资少、见效快。

3. 增施微生物肥料　土壤中施入微生物肥料,微生物的分泌物能溶解土壤中的磷酸盐,将磷素释放出来;同时,也将钾及微量元素阳离子释放出来,以键桥形式恢复团粒结构,消除土壤板结。

4. 积极推广使用高效土壤改良剂——松土精　"松土精"是英国汽巴净化水处理有限公司采用国际尖端科学技术生产的高效土壤改良剂。它能有效地增加土壤团粒结构,消除土壤板结;使土壤渗水、保肥、保水的能力大大增强;提高土壤的通气性,促进土壤有益微生物的生长发育,提高肥料利用率,减少土传病害的发生,促使西瓜根系粗大、增产效果明显,在冬春低温季节表现尤为突出。据测定,每 667 平方米使用松土精 500～1 000 克,改良效果明显。可作基施、冲施肥施用。

5. 适度深耕　适度深耕应为 30 厘米左右,这样有利于保护土壤耕作层结构不被破坏和作物根系的生长。

二、土壤盐害

(一)表　现

土壤发生盐害,地表出现白色的结晶物,特别在土层干旱和日光温室休闲期易发生。个别严重的地块出现青霉和红霉,为磷、钾过剩所滋生的微生物。

盐害对西瓜的影响可分为 4 个阶段。

第一阶段:土壤盐分浓度在 0.3% 以下,该阶段西瓜基本上没有盐害表现。

第二阶段:土壤盐分浓度达到 0.3%～0.5%,这时西瓜也没有直接表现盐害症状,但已受到间接的生理病害,根系发育受到严重影响。在气温升高时,植株发生萎蔫,即使增加灌水量,萎蔫也不能消除,易引起其他病害,产量下降,西瓜可表现出脐腐病。土壤干燥时,表层出现坚硬的结皮层。

第三阶段:土壤盐分浓度升高到 0.5%～1%,这时西瓜表现出生理病害症状,主要症状是生长受到抑制,叶小并萎缩,叶色深绿,叶缘翻卷;生长点处的嫩叶表现出叶缘黄化和卷缩,中部叶片边缘出现坏死斑,严重时连成片,呈现似镶金边的症状;根系发黄,不发新根;在土壤并不缺水的情况下,植株白天萎蔫,但到早晨又恢复生机,如此循环最终枯死,造成绝产。

第四阶段:土壤含盐量超过 1‰时,西瓜幼苗难以成活,即使成活的西瓜苗也生长缓慢,叶缘出现褐色枯斑,根系发黄,生长点受损,植株出现萎缩,而后逐渐枯死。

(二)原因分析

1. 盲目施肥形成土壤盐害　有的菜农对各类肥料在植株生长发育中所起的作用和所产生的影响了解不够全面,主要表现在以下 3 个方面:一是偏施某一种肥料。在寿光市较普遍的是基肥大多以含养分较高但盐分也较多的鸡粪为主,这样便将较多的盐分带到土壤中,使土壤产生盐害;误认为多施肥能高产出,不考虑作物需肥种类及数量,盲目、大量地施肥,不仅使肥料利用率降低,而且造成土壤中氮、磷、钾比例失调,引起土壤盐分偏高;二是生施人、畜尿和施入带有大量副成分的化肥,造成土壤盐渍化;三是盲目增施化肥。化肥施入土壤以后,一部分被作物吸收,一般利用率仅为 20%左右,大部分随水流失或被土壤固定,这部分化肥占总施肥量的 80%左右。被土壤固定的盐和地下水上行导致的返盐,造成了土壤积盐现象。

2. 日光温室设施的特定环境容易形成盐害　日光温室是人为创造的有利于西瓜反季节生产的小环境,一般盖膜时间较长,特别是日光温室西瓜,1 年内揭去顶膜的时间仅在 6～10 月份,雨水冲刷时间较短,有的甚至长年不去顶膜,为盐分积累创造了条件。此外,日光温室内温度相对较高,土壤中的水分被植株吸收的数量和蒸发量较大,地下水中的盐分随水上升到耕作层而积聚。

3. 土质黏重　土质黏则保肥性强,养分流失少,特别是在日光温室内无雨水淋洗,且肥料用量比露地栽培大,长期耕作后加重了土壤盐化。尤其是土壤连作年复一年,土壤障碍有增无减。

4. 不良的耕作措施　浅耕、面施肥料、表面灌溉等栽培措施也加剧了盐分向表土集中。如果日光温室土壤的地下水位高,排水不畅,也容易引起盐分在土表积聚。

(三)改良措施

1. 地膜覆盖 在日光温室西瓜垄面覆盖地膜,不仅能保温、保水、保肥、驱蚜虫和降低株间湿度,而且有抑制土壤盐渍化的作用。据对盖膜畦与不盖膜畦的对比测定结果,盖膜的0～5厘米土层的含盐量为不盖膜的60%。但盖膜的治盐方法只是暂时的治标措施,因为该方法的作用仅局限在0～5厘米土层,5～25厘米土层内的总盐量并没有减少,揭膜后盐分仍会随着土壤中水分的运动而上升。

2. 深耕灌水洗盐 日光温室西瓜收获后,利用休闲期深耕整平,做成大畦后用大水浇灌1～2次,如果能利用地下管道排水,其洗盐的效果更好。

3. 种植吸盐作物 利用温室休闲期,种植苜蓿、绿豆、大豆、玉米等吸盐作物,可减轻土壤的含盐量。为不误下茬西瓜种植,可把这些作物作为牲畜的青饲料及时拔除。

4. 增施有机肥料 每667平方米可增施牛马粪若干立方米,也可把作物秸秆铡碎撒施并深翻于土壤中,每667平方米施用1000千克为宜。如果施用草炭或稻壳、麦壳10立方米以上,效果更好,还可配合基施优质猪肥或鸡粪10立方米以上。

5. 增酸压碱 如果测试温室土壤pH超过7.5以上时,每667平方米土壤可随水冲施醋酸溶液(食醋)10千克左右,也可随水冲施磷酸铜2～3千克。

6. 科学合理地施用化肥和土壤结构改良剂 根据土壤养分分析及肥料试验结果,确定最适宜的施肥量和最协调的肥料养分配比。改变施肥方式,深施基肥,限量追肥。用化肥作基肥时,将化肥与有机肥混合撒入地面,然后进行深翻。追肥一般较难深施,应严格控制每次施肥量,宁可增加追肥次数,也不可一次性过多施肥。合理施用化肥,亦可降低土壤中的硝酸盐浓度。追肥可采用滴灌施肥技术。同时大力推广根外施肥。保护地内最好施用腐殖酸类肥料,此类肥料能活化土壤,使土壤疏松,能够源源不断地供给作物生长所需的各种营养元素,肥效期长,并含有刺激作物生长素,可促进作物生长发育,提高抗逆性,作基肥、追肥施用均可。此外,可根外追施土壤磷素活化剂、EM原露等生物制剂,可提高肥料利用率,降低肥料投入;还可提高西瓜的抗重茬、抗病虫害能力,增强植物代谢功能,可在一定程度上缓解连作障害,减轻土壤酸化和盐渍化。

7. 合理灌溉 日光温室西瓜栽培应尽量采用沟灌或滴灌,防止大水漫灌。沟灌能够保持土壤表层干爽,使耕层水气协调;滴灌更能保持耕作层土壤湿润,维护土壤团粒结构,减弱水分向上运动。大水漫灌会破坏土壤良好结构,使土壤理化性质变劣,导致西瓜作物根系因呼吸作用受阻而生长缓慢。采用滴灌或微喷灌技术,改变传统灌溉技术,保护地不宜小水勤施,应浇足灌透,将表土聚集的盐分下淋和降低土壤溶液浓度。可采用节水灌溉措施,如滴灌、微喷灌降低温室内的湿度,减轻西瓜病害发生,有效地防止土壤板结,并以水调肥,可较好防止土壤盐害加剧和酸化。

8. 加深土壤耕作层 由于日光温室等保护地土壤的盐类积聚在土壤表层,所以在蔬菜收获后要进行深翻,把富含盐分的表土翻到下层,把相对含盐较少的下层土壤翻到上面,这样可大大减轻盐害。

以上改良盐渍化土壤的措施,要根据实际情况因地制宜地运用。

三、土壤酸化

(一)表 现

一是酸性土壤滋生真菌,使根际病害加重,且控制困难,尤其是西瓜青枯病、黄萎病增多。

二是土壤结构被破坏，土壤板结，物理性变差，西瓜抗逆能力下降，抵御旱涝自然灾害的能力减弱。

三是在酸性条件下，铝、锰的溶解度增大，有效性提高，对西瓜产生毒害作用。

四是酸性条件下，土壤中的氢离子增多，对西瓜吸收其他阳离子产生拮抗作用。

(二)原因分析

一是日光温室西瓜的高产量，从土壤中带走了过多的碱基元素，如钙、镁、钾等，导致土壤中的钾和中、微量元素消耗过度，使土壤向酸化方向发展。

二是大量生理酸性肥料如硝酸铵、硫酸铵的施用，加上日光温室内温度、湿度高，雨水淋溶作用少，随着栽培年限的增加，耕层土壤酸根积累严重，导致土壤酸化。

三是由于日光温室复种指数高，肥料用量大，导致土壤有机质含量下降，缓冲能力降低，土壤酸化问题加重。

四是高浓度氮、磷、钾复合肥的投入比例过大，而钙、镁等中微量元素投入相对不足，造成土壤养分失调，使土壤胶粒中的钙、镁等碱基元素很容易被氢离子置换。

(三)改良措施

1. 增施有机肥 增施有机肥不仅可增加日光温室土壤有机质含量，提高土壤对酸化的缓冲能力，使土壤 pH 值升高，而且日光温室中有机物料分解利用率高，增加了土壤的有效养分，改善土壤结构，并能促进土壤有益微生物的发展，抑制西瓜病害的发生。

2. 平衡施用化肥 根据土壤养分含量状况、西瓜产量水平及需肥规律，合理施用氮、磷、钾及微量元素肥料，既可协调土壤养分平衡,又可减缓土壤盐渍化和酸性化,减少硫酸铵、氯化铵、氯化钾等生理酸性肥料的施用。

3. 施入生石灰改良土壤　生石灰施入土壤,可中和酸性,提高土壤 pH 值,直接改变土壤的酸化状况,并且能为西瓜补充大量的钙。

施用方法:将生石灰粉碎,使之大部分通过 100 目筛,于整地前,将生石灰和有机肥分别撒施,然后通过耕耙,使生石灰和有机肥与土壤尽可能混匀。

生石灰的施用量:土壤 pH 值为 5~5.4,每 667 平方米施生石灰 130 千克,以调节 15 厘米酸性耕层土壤;土壤 pH 值为 5.5~5.9,每 667 平方米施生石灰 65 千克;土壤 pH 值为 6~6.4,每 667 平方米施生石灰 30 千克。

四、土壤养分元素失调

(一)表　现

土壤营养元素比例失调,肥料利用率偏低,整体肥力水平低。

(二)原因分析

1. 施肥量大,结构不合理　不少菜农受"施肥越多产量越高"的观念影响,为了获取较高产量和经济利益,化肥投入量过大,造成部分日光温室特别是高龄日光温室土壤氮、磷、钾有一定的盈余积累,氮、磷、钾施用比例不协调。由于受习惯及传统的影响,有的菜农偏施尿素、碳铵等氮肥,有的菜农偏施磷酸二铵等含磷量极高的复合肥,造成氮、磷含量偏高,钾及其他元素相对不足,成为影响日光温室西瓜高产的障碍因素。同时,过量不平衡施肥,造成土壤盐积累和硝酸盐污染。硝酸盐的积累与总盐的积累有相同的趋势,土壤中硝酸盐的积累会导致西瓜中硝酸盐含量超标。硝酸盐在人体内易转变成致癌物,危害人们的健康。不少菜农偏施氮、磷、钾肥而对微肥重视不够,使用少或不施,养分不平衡性加剧,造成西瓜生理病害增多。

2. 忽视粗有机肥的施用　部分菜农只注重施用禽粪、饼糟、人粪尿等精有机肥,由于这些速效性有机肥浓度高,分解快,能在土壤中及时转化为无机养分,在化肥用量本身较高的情况下,加剧了肥料过量,导致土壤酸化、盐化。而粗有机肥如猪羊栏肥和作物秸秆用量少或不用,不利于改良土壤和补充营养元素。

(三)改良途径

1. 增加有机肥料施用量,加快培肥地力　有机肥料、作物秸秆是土壤有机质的主要来源,同时富含多种作物生长所需的营养元素。施用有机肥料、实行秸秆还田能改善土壤的理化性状,促进作物对化学肥料的吸收,提高化肥利用率,改善农产品品质,更主要的是增加土壤有机质含量,提高土壤保肥、供肥能力,为稳产高产奠定基础。故此,日光温室土壤应以施优质有机肥料为重点。

2. 大力推广配方施肥　要注重作物配方施肥,改变传统、盲目的施肥为定量、科学的施肥,充分提高肥料的利用率和作物产量,改善产品品质,提高经济、生态和社会效益。配方施肥就是按照栽培目标,科学地设计并实施最佳施肥方案,以最少的投入取得最佳经济效益,其核心是根据土壤养分化验及肥料试验结果,确定最适宜的施肥量和最协调的肥料养分、种类配比。西瓜以目标产量 8 000 千克/667 米^2 计,最佳用量为氮(N)50 千克/667 米^2、磷(P_2O_5)20 千克/667 米^2、钾(K_2O)45 千克/667 米^2,其比例为 1:0.4:0.9,折合尿素(N 46%)83.3 千克,过磷酸钙(P_2O_5 12%)167千克,硫酸钾(K_2O 50%)90 千克。以 1/3 作基施,2/3 分多次追肥。

3. 推广施用生物肥料　增施生物肥料,促进西瓜吸收利用土壤中的营养元素,有助于提高土壤中营养元素的肥效,减少化肥使用量。据化验结果,部分日光温室土壤氮、磷、钾含量较高,土壤表层盐分积累严重,作物生理缺素增多,其原因在于施肥不合理,部分菜农寄希望于高肥量投入,比正常用量多几倍乃至几十倍化肥的投入,导致肥害和土壤障碍。因此,要合理增施生物肥料,如根瘤菌肥、固氮菌肥、解磷菌类肥、解钾菌类肥或几种菌类的复合肥。由于这类肥料养分全,肥效平稳,对于西瓜高产优质,活化土壤中的氮、钾、磷及镁、铁、硅等元素,提高磷、钾及某些土壤中的微量元素的有效性及其供应水平,减轻土壤障碍因子有独特作用,这也是生产绿色食品西瓜的理想配套肥料。

五、土传病害

(一)表　现

多年种植西瓜的日光温室,土壤中病原菌数量远高于一般大田,作物根系极易受到病原菌侵染而发病,如发生枯萎病、根腐病等。

(二)原因分析

日光温室复种指数高,是造成土传病害增多的原因。其具体表现:一是日光温室西瓜连作较为普遍,使各种病原菌易在土壤表层大量积聚,特别在日光温室小气候环境下迅速生长、繁殖,病原菌的数量急剧增多;二是冬季日光温室保温设施为病原菌安全越冬提供了良好的条件。

(三)改良途径

1. 实行轮作 轮作是防治土传病害最经济有效的措施。合理进行作物间的轮作,特别是水旱轮作(例如,在 6～7 月份日光温室休闲期种一茬水稻),对预防土传病害的发生可收到事半功倍的效果。

2. 选用良种 选用抗病的西瓜品种,可大大地减轻土传病害的危害。

3. 改进栽培方法 可通过改进栽培方法来达到防治土传病害的目的。栽培防病有如下几种方法:①深沟高畦栽培,小水勤浇,避免大水漫灌。②合理密植,改善作物通风透光条件,降低地面湿度。③清洁温室,拔除病株,并在病穴内撒施石灰。④避免偏施氮肥,适当增施磷、钾肥,提高作物抗病性;在作物生长中后期结合施药,喷施叶面肥 2～3 次。

4. 土壤消毒 ①石灰消毒。在翻耕前每 667 平方米先撒施石灰 50～100 千克再翻耕。石灰既可杀菌又可中和土壤的酸度。②大水浸泡。有条件的地方可利用作物休闲季节,将水堵起来浸泡土壤,浸泡的时间越长,效果越明显。如果浸泡 20 天以上,可基本控制线虫危害。③高温消毒。在高温季节,将日光温室土壤翻耕后盖上地膜,再覆盖上棚膜,地面温度可达到 50℃以上,能杀死土壤中部分病菌。④药剂消毒。防治真菌性病害可选用 30％土菌消(噁霉灵)500～800 倍液、30％瑞苗清(噁霉灵加甲霜灵)1 000 倍液、5％井冈霉素水剂 500～800 倍液淋施土壤,还可用噁霉灵 500～1 000 倍液淋施土壤,或按每 667 平方米用噁霉灵 3～5 千克拌适量的细土均匀撒施。防治细菌性病害,可选用 88％水合霉素(由放线菌经发酵培养制成的抗生素类杀菌剂)1 000 倍液、72％农用链霉素 3 000～5 000 倍液或用络氨铜溶液适量淋施土壤。采用药剂进行土壤消毒,应在播种前进行。

5. 增施有机肥　坚持有机肥、无机肥相结合的施肥体系。增施有机肥,最好施用纤维素多(即碳氮比高)的有机肥,对增加土壤有机质,改善土壤理化性质,增加土壤团粒结构和孔隙度,丰富作物营养元素特别是微量元素,增加土壤有益微生物的数量和活性,抑制有害微生物的繁衍生长,使土壤水、肥、气、热诸肥力要素的协调具有重要作用。同时,还能提高土壤的吸附能力和阳离子交换量,增强土壤持水持肥能力,从而缓解土壤次生盐渍化的发生,有利于提高作物的抗逆能力,增加作物的产量,改善品质。

六、利用石灰氮进行土壤综合改良

连作 3 年以上的日光温室,普遍发生根结线虫和死棵的问题,有的甚至产生了毁灭性的损失。因此,如何杀灭根结线虫,解决西瓜死棵问题,已成为生产上必须认真对待的问题。目前,防治效果良好,又能适应无公害生产要求的日光温室土壤消毒方法是石灰氮(氰氨化钙)消毒法,消毒之后配合施用有机肥和生物肥,可起到事半功倍的效果。

(一)石灰氮消毒方法

1. 时间选择　选在作物已收获、温室已清扫后进行,一般在 7～9 月份进行。此时期距离下茬作物种植还有 2～3 个月,正是夏秋季节温度高、光照好的有利时机。

2. 撒施有机物　每 667 平方米施用稻草、麦秸或玉米秸秆(最好用铡刀切为 4～6 厘米的小段,以利于耕翻整地)等有机物 1 000～2 000 千克。用石灰氮颗粒剂 80 千克与其均匀混合后撒施于土层表面。

3. 深翻混匀　用人工或旋耕机将撒施于土层表面的有机物和石灰氮均匀深翻于土中,以深翻 30 厘米以上为好,应尽量增大石灰氮与土壤的接触面积。

4. 起垄做畦 垄高以 25 厘米、宽以 30 厘米为宜,整平后做成宽 1.8 米的畦(一间温室做 2 个畦),也可以按定植行距起垄。

5. 密封地面 用透明薄膜将土地表面完全覆盖封严(立柱根部用土或砖块压严)。

6. 膜下灌水 在薄膜下灌水,直至畦面灌足、湿透土层为止。

7. 密封日光温室 修理好日光温室薄膜破损处,将日光温室完全封闭。利用太阳光加温,20～30 厘米土层温度可达 50℃左右,地表温度可达 70℃以上,持续 15～20 天,即可有效杀灭土壤中的真菌、细菌和根结线虫等有害微生物。

8. 揭膜晾晒 消毒完成后,翻耕畦面,3 天以后方可播种定植西瓜(定植前可移栽少量秧苗做试验)。

(二)消毒注意事项

消毒要做到"三严、三足、一不得"。"三严":一是石灰氮要撒严,整个温室地面要撒到,不留死角;二是地面封严防漏气,以利于提高处理效果;三是棚膜封严,尽量提高棚温和土壤温度。"三足":一是灌水要足;二是封棚时间要足;三是揭膜晾晒时间要足,晾晒不足会影响秧苗生长。"一不得":在作业前后 24 小时内不得饮用任何含酒精的饮料,以防止气体中毒。

用石灰氮消毒后,石灰氮最终完全降解为尿素、氢氧化钙等物质,不会产生任何污染,有利于无公害西瓜种植业的发展。

(三)配合有机肥、生物肥的施用

采用石灰氮结合高温闷棚进行日光温室土壤消毒,在杀灭线虫的同时,既可对生存在土壤中的有害土传病菌如立枯丝核菌、疫霉菌、腐霉菌、枯萎菌等进行有效的杀灭,同时也可把土壤中有益的微生物如解磷、解钾的硅酸盐菌、放线菌等杀灭。未经腐熟的畜禽粪肥、人粪尿和作物秸秆有机物都含有有害病原菌,因此所有有机肥应在日光温室土壤消毒前一起施用到日光温室中,与土壤同时进行消毒。消毒后,尽量不再基施未经腐熟的有机肥,以防止重新传入有害微生物,造成前功尽弃。

经石灰氮消毒后,土壤中的有益微生物菌已被杀灭,此时应尽快培育西瓜生长发育所必需有益微生物菌群。培育有益微生物菌主要有以下 2 项措施:①定植前,顺栽培行沟施 EM 菌肥或 CM 菌肥或酵素菌肥(施用正规厂家生产的)100～150 千克,施后顺沟小水浇灌或隔行浇水一次。②定植前,每 667 平方米随水冲施微生物菌原液 2 千克,定植后冲施微生物菌原液 2～3 次,每隔 10 天冲施 1 次,每次每 667 平方米冲施 2 千克左右。以上两种方法可结合施用。施用微生物菌肥以后,不再施用杀菌剂进行土壤消毒或灌根,植株无病害症状时少喷施化学杀菌剂。

七、利用生物反应堆技术改良土壤

秸秆生物反应堆技术又称二氧化碳缓释富氧秸秆发酵技术,是一项能够有效解决设施西瓜栽培土壤连作障碍、提高西瓜产量、改善西瓜品质的创新栽培技术。在日光温室中应用秸秆反应堆技术,改变了过去"头痛医头、脚痛医脚"的防治理念,采用中医的"正本修元"方法,调节土壤中微生物的平衡,起到了改良土壤的效果。

(一)生物反应堆技术应用原理

土壤中存在着大量的微生物,包括真菌、细菌、病残害、病毒和原生生物。这些微生物的生物总量,每 667 平方米耕层土壤达到了 100～1 000 千克。这些微生物绝大多数是有益的,如有机物的分解需要微生物,化肥的分解和转化需要微生物,岩石、矿物或风化土壤中各种矿质养分的分解与释放都需要微生物。豆科作物的根瘤菌,一些原生生物的活动及分泌物等对作物的生长均可起到良好的促进作用。土壤中有害的微生物如枯萎病病原物、根结线虫等只占极少数,它们在土壤中,既互相依存,又相互制约,有的还是共生或互生关系,如放线菌感染线虫后,可使线虫在 48 小时后死亡。如果土壤中放线菌基数增加,就可破坏线虫的生存环境,从而抑制线虫的发生;一些有益的霉菌产生的大量菌丝体或分泌物,可抑制有些霉菌的发生和蔓延等。正是由于土壤中各种微生物之间的互补与制约,才维持了土壤中微生物的数量和比例的平衡,从而为作物的根系及生长提供了良好的生态环境。

日光温室属半永久性生产设施,由于连续种植,温室内土壤微生物平衡遭到严重破坏。秸秆反应堆技术,是将人工培育的酵素菌通过秸秆这一载体进行繁殖,然后施入土壤,相当于用"养猫"的方式控制"鼠患",从而调节温室内土壤的微生物平衡。

(二)秸秆反应堆的使用方法

1. 操作时间　在定植前 10～15 天将秸秆反应堆建造完毕。

2. 秸秆用量　所有植物秸秆均可使用,要用干秸秆,每 667 平方米日光温室 4 000～5 000 千克。

3. 菌种用量　每 667 平方米用菌种 8～10 千克。

4. 基肥和追肥用量　化肥第一年减少 50%,第二年减少 70%,第三年减少 90%。不要用鸡粪和化肥作基肥,可用 150～200 千克饼肥作基肥。

5. 反应堆做法　定植前在小行(种植行)下开沟,沟宽大于小行 10 厘米,一般为 70～80 厘米,沟深 20 厘米,沟长与小行长相等,起土分放两边,接着填加秸秆,铺匀踏实,厚度为 30 厘米,沟两头各露出 8 厘米秸秆茬,以便于氧气进入。填完秸秆后,撒饼肥,再将每条沟所需菌种均匀地撒在秸秆上,用锨轻拍一遍后,把起土回填于秸秆上,浇水湿透秸秆,3～4 天后将处理好的疫苗撒在垄上,并与 10 厘米表土掺匀,找平垄,接着开沟放入西瓜苗,而后覆土,浇小水,第二天打孔,10 天后盖膜、打孔。

(三)注意事项

第一,秸秆用量要和菌种用量搭配好,每 500 千克秸秆用 1 千克菌种。

第二,浇水时不要冲施化学农药,特别要禁止冲施杀菌剂。

第三,浇水后 4 天要及时打孔,用 14 号的钢筋每隔 25 厘米打 1 个孔,孔要打到秸秆底层,浇水后孔被堵死时要重新打孔。苗定植 10 天缓苗后再盖地膜,盖上地膜后还要在膜上打孔。

第四,减少浇水次数,一般常规栽培的浇 2～3 次水,采用该项技术只浇 1 次水即可,切忌浇水过多。浇水后可用百菌清烟雾熏蒸剂熏蒸 1 次。该不该浇水可用土法判断:在表层土下抓一把土,用手一攥如果不能攥成团的应马上浇水,能攥成团的千万不要浇水。而且,在第一次浇水湿透秸秆的情况下,定植时千万不要再浇大水,只浇缓苗水。浇水时可以浇大管理行。

第五,前 2 个月不要冲施化肥,以避免降低菌种、疫苗活性,后期可适当追施少量有机肥和复合肥,每次每 667 平方米冲施浸泡 10 多天的豆饼 15 千克左右和复合肥 15 千克。

第六,用好疫苗消除土传病害,减少病害消耗。浇水后 4～5 天,结合整地施入疫苗,整平、耙细反应堆 10 厘米土层,待定植。

八、老龄温室换土

由于不少老龄温室根结线虫和土传病害日渐严重,虽使用多种方法防治病害但效果不明显。近年来,部分瓜农下大力气在老龄温室内进行换土,把老龄温室 30 厘米以上的表层土挖出,换上肥沃且无土传病害的田园土。这是一项费时费工的劳作,因此,一定要做到科学合理,以免"费力不讨好"。老龄温室换土应注意以下问题。

(一)换土要注意选择合适的土质

一般情况下,应选用肥沃无污染的田园土。需要注意的是,如果老龄温室土壤是黏土,应换上沙质土壤;如果是沙土地,应换上黏性土壤。这样两种不同土质的土壤一掺和,更有利于西瓜的生长。另外,如果土壤偏酸,可用偏碱的土壤中和;如果偏碱,可用偏酸的土壤进行改良。

(二)换土后要注意增施有机肥

对于换上的新土,即使是取自肥沃的园地,其有机质含量也大都达不到1%。因此,换土后应及时增施有机肥。第一次施用有机肥应多一些,每667平方米可施入鸡粪18～20立方米,稻壳粪35～40立方米。如果施用秸秆肥,则效果更好。

(三)换土后要注意土壤消毒

换土后,为避免新土带菌以及老龄温室底层土壤中的线虫侵入新土中危害,一定要进行土壤消毒。可每667平方米棚室用棉隆20～30千克熏闷,彻底消毒灭菌。另外,对温室墙体、竹竿和工具也应消一遍毒,可用50%多菌灵1000倍液进行全棚喷洒。

(四)换土后注意补"菌"

老龄温室换土后,及时补菌很重要,尤其是对于一些新换上的生土(表土层以下的土壤),生物菌含量很低,应及时给予补充。可在土壤用棉隆熏闷后,配合基施有机肥施入含芽孢杆菌、放线菌的生物肥150～200千克,这样不仅改土效果好,还有抑制土传病害的作用。

第六章　日光温室西瓜肥水管理技术

一、日光温室西瓜科学施肥技术

施肥是满足西瓜生长发育所需营养元素的重要技术措施,主要包括基肥、追肥和叶面喷肥 3 种方式。

(一)基　肥

基施是指西瓜定植前结合土壤翻耕施用肥料的过程。其作用是为了创造西瓜生长发育所要求的良好土壤条件,为整个生育期供应养分奠定基础。基肥的效率高,肥料施得深,对培肥土壤的作用较大,也较持久。

1. 施用方法

(1)撒施　将肥料均匀地铺撒在畦面,结合整地翻入土中,并使肥料与土壤充分混匀。

撒施的优点是简单易行,使肥料均匀地撒在地面上,结合整地翻入土中,使肥料与土壤混合,撒布面广,根群扩展时随处都可以吸收到养料。其缺点是肥料施用量大。

(2)沟施　栽培畦(垄)下开沟,将肥料均匀地撒入沟内,施肥集中,有利于提高肥效。

沟施的优点是施下的肥料比较集中,节省肥料,有利于前期的吸收利用。其缺点是很难满足西瓜后期根系不断生长扩展的需要。

(3)穴施　先按株行距开好定植穴,在穴内施入适量的肥料,这样既节约肥料,又能提高肥效。穴施肥料的优点是肥料集中,肥料利用率高。其缺点是比较费工。

2. 适宜作基肥的肥料种类

(1)有 机 肥

①农家肥料　系指含有大量生物物质、动植物残体、排泄物等物质的肥料。它不应对环境和作物产生不良影响。农家肥在制备过程中,必须经无害化处理,以杀灭各种寄生虫卵、病原菌和杂草种子,去除有机酸和有害气体,达到卫生标准。主要的农家肥料有堆肥、沤肥、厩肥、沼气肥、灰肥、绿肥、作物秸秆和饼肥等。其中堆肥、沤肥、厩肥、沼气肥、绿肥和作物秸秆适于撒施或条施,灰肥和饼肥适宜穴施。

②商品有机肥料　系指有机肥料生产厂家按规范的工艺操作生产的商品有机肥。其产品必须是证件(检验登记证、生产许可证、质量标准证)齐全,并经有关部门进行质量鉴定达到合格标准。商品有机肥料主要包括精制有机肥、微生物肥料、腐殖酸肥料和有机液肥等。该肥料可采用撒施、条施或穴施等方法施用。

③其他有机肥　系指采用不含合成添加剂的食品、纺织工业的有机副产品、不含防腐剂的鱼渣、牛羊毛废料、骨粉、氨基酸残渣、家畜加工废料、糖厂废料等有机物料制成的有机肥料。可采用撒施、条施或穴施等方法。

有机肥施用充足好处很多:一是培肥地力,可增加土壤有机氮的含量。寿光市菜农多年来重视有机肥的足量施用,使土壤有机质含量从1％提高到1.54％,土壤肥力有很大提高。二是养分全面,可满足西瓜整个生长过程的需肥要求。三是改善土壤结构,施足有机肥有助于形成土壤团粒结构,土壤通透性和缓冲性能好,适应西瓜耐肥水的特点,可为西瓜高产打下基础。

但有机肥在施用过程中需注意以下两点:一要充分腐熟。使有机肥腐熟的方法很多,常用的方法,如在日光温室休闲期对鸡粪等有机肥的腐熟可以结合高温闷棚进行。在气温较低的情况下,可以施用含生物菌的腐熟剂如肥力高等均匀地喷洒到有机肥上,促进其发酵腐熟。二是避免施用含碱有机肥。如果使用含碱性高的有机肥,易导致西瓜黄化、卷叶等,而且导致土壤严重返碱。可在施用有机肥前,取少许浸水溶化,然后用 pH 试纸测定溶液的酸碱度。若含碱量较高,可将有机肥提前施入温室内,用大水漫灌进行水洗,也可用硫酸中和。

(2)化学肥料

①氮肥　常用的氮肥有硫酸铵、碳酸氢铵和尿素。可采用撒施、条施或穴施等方法。硝态氮化肥施入土壤不易被土壤吸附,灌溉时易淋失,故不宜大量用它作基肥。

②磷肥　生产上多用水溶性磷肥,主要有过磷酸钙、重过磷酸钙和磷酸铵。这些肥料最好与一定比例的有机肥混合后进行条施或穴施。

③钾肥　常用的有硫酸钾和草木灰,最好与一定比例的有机肥混合后作条施或穴施。

④微量元素肥料　这类肥料种类很多,常用的有硼肥、钼肥、锌肥、锰肥、铁肥和铜肥,最好与一定比例的有机肥混合后作条施或穴施。

⑤专用复混肥料　目前普遍施用的专用肥多为复混肥,用它作一次性施肥就可同时满足西瓜对氮、磷、钾甚至中量、微量元素的需要。可采用撒施、条施或穴施。

(3)生物肥料　包括根瘤菌肥、固氮菌肥、解磷菌类肥、解钾菌类肥、芽孢杆菌类肥或几种菌类的复合肥等。增施生物肥料,可促进蔬菜吸收利用土壤中的营养元素,减少化肥的使用量,同时可活化土壤中的氮、磷、钾及镁、铁、硅等元素,对蔬菜高产优质,减轻土壤障碍因子有独特作用。生物肥是一种活性菌,必须埋施于土壤之中,不可撒施于土壤表面,一般施深 7～10 厘米。由于生物菌对作物不会产生烧苗、烧种现象,所以生物肥应和植物根系最大限度地接触,才能有效地供给作物充分的营养,因此生物肥料要均匀地施入根系范围内。

3. 施 用 量　基肥施用数量要根据土壤肥力的高低确定。当土壤中速效氮、磷、钾和微量元素低于西瓜生长需肥临界值时,首先要选择化学肥料补充土壤肥力的不足。有机质低于 1.2% 的土壤,必须每 667 平方米施用 3 立方米以上的有机肥料,才能满足作物生长的需要。化肥的具体施肥量,则要根据目标产量、当地施肥水平和土壤肥力情况进行调整,一般情况下每 667 平方米施尿素 35～50 千克、过磷酸钙 60～100 千克、硫酸钾 30～40 千克。

生产上如果用商品有机肥代替鸡粪作基肥时,一般每 667 平方米施用量为 300～1 000 千克,土壤状况较差的可适当增加用量。

3 年以上的日光温室可适当增施生物有机肥,一般每 667 平方米施用量为 100～300 千克,5 年以上的老龄日光温室应适当减少化肥用量,增加生物有机肥用量。

微量元素对西瓜的生长发育起着大量元素(如氮、磷、钾等)无法替代的作用。一旦某种微量元素缺乏,西瓜就会表现出相应的缺素症状,但许多微量元素从缺乏到过量之间的临界范围很窄,如果施用微肥的量过大或不均匀,往往会对西瓜产生毒害作用。以下是日光温室西瓜常用微肥作基肥的安全用量。

铁肥(硫酸亚铁):每 667 平方米土壤施用量 1～3.75 千克,1～2 年施 1 次。

硼肥(硼砂或硼酸):每 667 平方米土壤施用量 0.75～1.25 千克,2～3 年施 1 次。

锰肥(硫酸锰或氯化锰):每 667 平方米土壤施用量 1～2.25 千克,2～3 年施 1 次。

铜肥(硫酸铜):每 667 平方米土壤施用量 1.5～2 千克,1～2 年施 1 次。

锌肥(硫酸锌)：每 667 平方米土壤施用量 1.25～2 千克,1～2 年施 1 次。

钼肥(钼酸铵)：每 667 平方米土壤施用量 30～200 克,3～4 年施 1 次。

(二)追　肥

追肥是指在西瓜生长过程中加施肥料的过程。其作用主要是为了供应西瓜某个时期对养分的大量需要,以补充基肥的不足。追肥量一般约占西瓜作物全生育期总施肥量的 1/3 甚至更多。常用的追肥方法有以下 4 种。

1. 埋施　在西瓜株间、行间开沟挖坑,将肥料施入,再覆盖土壤的一种追肥方式。

(1)优缺点　其优点是节省肥料,其缺点是劳动量大,费工,且操作不太方便。

(2)肥料种类　硫酸铵、尿素、过磷酸钙、硫酸钾、复合肥以及充分腐熟的有机肥和生物菌肥均可埋施作追肥。

(3)施用方法　埋施的沟、坑要离西瓜根、茎基部 10 厘米以上,若离根太近则易损伤根系。冬季施肥量每 667 平方米每次施 10 千克左右,春季每 667 平方米每次施 20 千克左右。埋施后一定要浇水,使埋施的肥料浓度降低。

2. 冲施　即把固体的速效化肥溶于水中,或将腐熟的鸡粪混入水中,并以水带肥的方式施用。通过肥水结合,让可溶性的氮、钾养分渗入土壤中,供作物根系吸收。这是目前最常用的一种追肥方式。

(1)优缺点　其优点,一是施肥均匀,便于西瓜根系的吸收;二是肥料均匀分布于田间,不会发生肥害;三是不开沟不挖穴,不伤根系;四是该施肥法适宜于地膜覆盖栽培形式;五是施用方法简单,省工省时,劳动量小。其缺点是浪费的肥料较多,在渠道内容易渗漏流失,在田间西瓜根系达不到的深层,也会渗入部分肥料造成浪费,肥料利用率只有 30%~40%,甚至更低。

(2)**肥料种类** 从肥料化学性状及内在营养成分上,主要划分为 3 种:一是有机型,如氨基酸型、腐殖酸海洋生物型等;二是无机型,如磷酸二氢钾型、高钙高钾型等;三是微生物型,如光合细菌型、酵素菌型等。另外,市场上还有一种将有机、无机、生物等原材料科学地加工、复配在一起而生产的新型冲施肥,属于复合型制剂。

只有水溶性的肥料方可随水施用,氮肥中常用尿素、硫酸铵和硝酸铵;钾肥中常用的有氯化钾和硫酸钾,也可用硝酸钾。而磷肥种类即使是水溶性的磷酸一铵和磷酸二铵,也不要用作冲施,其原因是磷肥的移动性差,不能随水渗入根层,磷肥的施用只能埋入土中。

(3)**追肥量** 每次追肥量可参照西瓜生长需肥量来确定。不计基肥养分的量追肥时,一般每 667 平方米目标采收量为 1 000 千克的,施用纯氮(N)2.9 千克、纯磷(P_2O_5)1.05 千克、纯钾(K_2O)3.3 千克,根据不同追肥品种进行折算,如折合尿素 6.3 千克、过磷酸钙 8.75 千克、硫酸钾 6.6 千克,扣除基肥养分的供给量时,应根据西瓜生长期的长短和不同采收量,适当扣除基肥供养分量。

(4)**注意事项**

①**有机肥与无机肥相结合** 不少农民无论冲施,还是追施,均以化肥为主。虽然有些冲施肥含有腐殖酸,但无机肥多以硝酸铵、尿素等氮肥为主,短期内西瓜长势好,但缺乏长期效应。也有些冲施肥以饼肥(麻籽饼、棉籽饼、豆饼)和磷酸二铵(或硝酸铵)为主,效果欠佳,原因是饼肥发酵需一定的时间。应注意有机肥与无机肥结合施用。

②**大水与小水冲施相结合** 不少农民无论苗期、结果期均以

大水冲施肥,使得肥水过大,引起苗病、烂根和沤根。无论生物肥、有机肥,还是化肥都要看苗用肥,用量要合理,并且施肥浇水后要及时中耕松土。

③生物肥与化肥相结合 生物肥料含有十几种有益菌,具有活化土壤、调节养分的功效,与无机肥(化肥)配合施用,能解除肥害,增加土壤有机质,促进根系发育。对于土传病害发生严重的日光温室应选择使用具有防病功效的芽孢杆菌类生物肥,土壤中氮、磷、钾积累较多的老龄日光温室,应选择使用具有解磷解钾作用的酵素菌型生物肥。

此外,冲施肥在使用过程中,要根据种植区内的土壤供肥能力、基肥施用量以及作物的需肥特点,选择适合的冲施肥品种。要仔细阅读所选购冲施肥的使用说明书,掌握适合的施肥时期、施用量和施用方法,不可凭以往的施肥经验而自作主张,以免造成不必要的损失。

3. 敞穴施肥 在日光温室西瓜生产中,存在的突出问题是施肥量过大。过量施肥不但增加农民的生产成本,还会造成土壤养分的积累、硝酸盐的淋洗、产品质量的变劣和土壤的盐化等环境问题。造成过量施肥的主要原因是日光温室西瓜追肥时采用冲施的方法,肥料均匀地溶解在水内,在灌水量较大的情况下,肥料的浓度较低,供肥强度低,不利于西瓜根系的吸收。为克服这些弊端,可采用敞穴施肥法。

(1)**基本方法** 在两株西瓜中间的垄上挖一个敞穴,穴在灌水沟内侧,向沟内侧开豁口,豁口低于沟灌水位但高于沟底,使部分灌水可流入穴内,以溶解和扩散肥料。覆盖地膜后,在穴上方将地膜撕出一个孔,在每次灌水前1~2天,将肥料施入穴内。一次制穴,可供整个西瓜生育期使用(图6-1)。

(2)**优缺点** 敞穴施肥的优点是比常规穴施肥减少了每次挖穴、覆土的工序,使集中施在日光温室西瓜覆盖地膜的情况下得

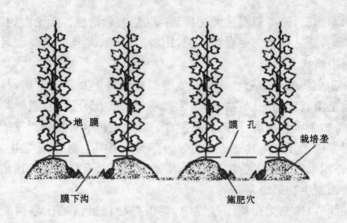

图 6-1 西瓜敞穴施肥图示

以实现,克服了冲施肥供肥强度低、肥料利用率的缺点。这样,在较易农事操作下,实现了集中施肥,提高了供肥强度。其缺点是追肥过于集中,一次施用量过多,容易引起烧根;受穴大小限制,不能追施腐熟鸡粪等有机肥。

(3)肥料种类　除鸡粪、厩肥以外的各种肥料均适宜敞穴施肥。

(4)操作方法　翻耕、起垄、移栽西瓜等农事操作按照常规。在西瓜缓苗后,覆盖地膜前,在两株西瓜之间的垄上挖一个敞穴,敞穴靠近灌水沟内侧,且向灌水沟侧敞开,敞穴的穴底高出灌水沟的沟底约 5 厘米。地面覆盖地膜后,在敞穴上方将地膜撕开一个孔洞,孔洞大小以方便向穴内施肥为度。在浇水前 1～2 天施入化肥,可用普通的复合肥,以含硝态氮和硫的复合肥为好,冬季每 667 平方米每次施 10 千克左右,春季每 667 平方米每次施 20 千克左右。浇水次数和浇水量根据农民习惯。

4. 滴灌施肥　是将施肥与滴灌结合起来的一种新的农业技术。滴灌是滴水灌溉的简称,它利用一整套系统设备,将灌溉水加低压(或利用地形落差自压)、过滤,通过管道输送到滴头,使灌溉水呈水滴状,均匀而缓慢地滴入到作物根区附近的土壤表面或土壤内,适时、适量地向作物根区供应水分,以经常保持适宜于作物生长的最优水分状态,但作物株、行间根区以外的土壤仍然保持较干燥的状态。滴灌可将可溶性肥料随水施到作物根区。凡采用滴灌设施浇水的西瓜日光温室均采用这一方式追肥。

(1)滴灌施肥的优缺点　滴灌施肥的优点,一是可适时适量地直接把肥料施于根系集中层,可少施勤施,使施肥达到定时、定位,便于作物吸收,能减少损失,充分发挥肥效;二是以少量多次的方式向作物提供养分,可满足作物整个生长期对养分的需求;三是可根据作物生长期营养特性的变化,对供给的养分进行调控;四是由于地膜覆盖,肥料几乎不挥发、无损失,肥料虽集中,但浓度小,因而既安全,又省工省力,效果良好。滴灌施肥肥料利用率达80%以上。其缺点是选用的肥料必须水溶性好,施用的肥料受到一定的限制。

(2)滴灌施肥对肥料的要求　①为防止滴头堵塞,要选用溶解性好的肥料,如尿素、磷酸二氢钾等。施用复合肥时,尽量选择完全速溶性的专用肥料。确需施用不能完全溶解的肥料时,必须先将肥料在盆或桶等容器内溶解,待其沉淀后,将上部溶液倒入施肥罐进入滴灌系统,剩余的残渣则可施入土中。②一般将有机肥和磷肥作基肥施用。因为有的磷肥如过磷酸钙只是部分溶解,残渣易堵塞喷头。③要选择对灌溉系统腐蚀性小的肥料。如硫酸铵、硝酸铵对镀锌铁的腐蚀严重,而对不锈钢基本无腐蚀;磷酸对不锈钢有轻度的腐蚀;尿素对铝板、不锈钢、铜无腐蚀,对镀锌铁有轻度的腐蚀。④追施的肥料品种必须是可溶性肥料,要求纯度较高,杂质较少,溶于水后不会产生沉淀,否则不宜作追肥。一般氮肥和钾肥选用符合国家标准或行业标准的尿素、碳酸氢铵、硫酸钾、氯化钾等。补充磷素一般采用磷酸二氢钾等可溶性肥料作追肥。追补微量元素肥料,一般不能与磷素追肥同时施用,以免形成不溶性磷酸盐沉淀而堵塞滴头或喷头。

(3)膜下滴灌施肥技术的操作方法

①肥料品种的选择　利用滴灌施肥也要按作物对养分的需求选择合适的肥料种类。由于西瓜在生长中后期既要使植株具有一定的营养生长势,又要确保瓜果具有较好的品质,所以一般选用尿素、磷酸二氢钾等提供大量元素,选择水溶性多效硅肥、硼砂、硫酸锰、硫酸锌等提供中、微量元素。其中,微量元素也可直接用营养型叶面肥,如肥力宝等。具体选用什么肥料要根据基肥和植株长势确定。

②配制肥料溶液　肥料溶液可根据施肥方法配制成高浓度和低浓度两种溶液。高浓度溶液就是将尿素、磷酸二氢钾等配制成5%～10%的水溶液,中、微量元素配制成1%～2%的水溶液;低浓度溶液就是将尿素、磷酸二氢钾等配制成0.5%～1%的水溶液,将中、微量元素配制成0.1%～0.2%的水溶液直接施用。

③肥料用量及混用　每次每667平方米尿素施用量3～4千克,每次每667平方米磷酸二氢钾用量为1～2千克,这两种肥料也可混合施用。中、微量元素一般每一种肥料在一季作物中不能超过1千克,每年都施用的田块不超过0.5千克。

④施肥方法　用高浓度溶液进行施肥时可与灌水同时进行,即打开施肥器吸管开关,使肥液随水流进软管,肥液的流量用开关控制;用低浓度溶液直接施肥时,将灌水阀门关闭,打开施肥器吸管的开关,把过滤器固定在肥液容器底部,接通肥液即可施肥。

⑤注意事项　配制的肥液不应含有固体沉淀物,防止滴孔堵塞;高浓度肥液流量要控制好,不宜太大,防止浓度过高伤害作物根系;施肥结束后要关闭吸管上的开关,打开阀门继续灌水数分钟,以便将管内残余肥料冲净。

(三)叶面喷肥

1. 西瓜采用叶面追肥的好处　①叶面追肥可使西瓜通过叶部直接得到有效养分,而采用根部追肥时,某些养分常易被土壤固定而降低植株对它们的利用率。②叶部养分吸收转化的速度比根部快。以尿素为例,根部追施 4～5 天才能见效,叶面喷施当天即可见效。③叶面追肥可以促进根部对养分的吸收,提高根部施肥的效果。④叶面喷施某些营养元素后,能调节酶的活性,促进叶绿素的形成,使光合作用增强,有利于改善品质,提高产量。总之,叶面追肥是一种成本低、见效快、方法简便、易于推广的施肥方法。但西瓜吸收矿质营养主要靠根部,叶面追肥只能作为一种辅助手段,生产上仍应以根部施肥为主。采用叶面追肥时,必须在施足基肥的需要并及时追肥的基础上进行,只有这样,才能取得理想的效果。

2. 适合作叶面追肥的肥料种类　适合作叶面追施的肥料通常称为叶肥、叶面肥或叶面营养液。根据其作用和功能等可把叶面肥概括为以下四大类。

(1)营养型叶面肥　此类叶面肥中氮、磷、钾及微量元素等养分含量较高,主要功能是为作物提供各种营养元素,改善作物的营养状况,尤为适用于作物生长后期各种营养的补充。

(2)调节型叶面肥　此类叶面肥中含有调节植物生长的物质,如生长素、激素类等成分,主要功能是调控作物的生长发育等。适于在植物生长前期、中期使用。

(3)生物型叶面肥　此类肥料中含微生物体及代谢物,如氨基酸、核苷酸、核酸类物质。主要功能是刺激作物生长,促进作物代谢,减轻和防止病虫害的发生等。

(4)复合型叶面肥　此类叶面肥种类繁多,复合混合形式多样。其功能有多种,一种叶面肥既可提供营养,又可刺激作物生长,又可调控作物发育。

3. 根据西瓜的需肥特点,合理选用叶面肥 西瓜叶面追肥以氮、磷、钾混合液或多元复合肥为主,如 0.2%～0.3%磷酸二氢钾溶液、0.5%尿素＋2%过磷酸钙＋0.3%硫酸钾溶液、0.05%稀土微肥溶液等,一般在生长期喷洒 2～3 次。喷施宝、叶面宝、光合微肥等在西瓜上应用,也有良好的作用。另外,西瓜结瓜期喷洒 1%葡萄糖或蔗糖溶液,可显著增加西瓜的含糖量;喷洒以 0.2%尿素＋0.2%磷酸二氢钾＋1%蔗糖组成的"糖氮液",不仅能增加产量,而且能增强植株的抗病能力,减轻霜霉病等病害的发生。

4. 西瓜叶面追肥应注意的问题

(1)喷洒浓度要合适 叶面追肥一定要控制好喷洒浓度,浓度过高很容易发生肥害,造成不必要的损失。特别是微量元素肥料,西瓜从缺乏到过量之间的临界范围很窄,更要严格控制;浓度过低,则收不到应有的效果。

(2)喷洒时间要适宜 影响叶面追肥效果的主要因素之一是肥液在叶面上的湿润时间,湿润时间越长,叶面吸收的养分越多,效果越好。因此,叶面追肥一定要根据天气状况,选择适宜的喷洒时间。日光温室栽培一般在晴天上午 10 时前喷洒最好。

(3)肥料混用要得当 叶面追肥时,将 2 种或 2 种以上的叶面肥合理混用,其增产效果会更加显著,并能节省喷洒时间和用工。但肥料混合后必须无不良反应或不降低肥效,否则达不到混用的目的。另外,肥料混合时要注意溶液的浓度和酸碱度,一般情况下,溶液的 pH 值为 6～7 时有利于叶部吸收。

(4)喷洒质量要保证 叶面追肥要求雾滴细小,喷洒均匀,尤其要注意喷洒生长旺盛的上部叶片和叶片的背面。因为新叶比老叶、叶片背面比正面吸收养分的速度快,吸收能力强。

(5)叶面施肥的间隔时间要适宜 叶面施肥适宜的间隔时间为 5～7 天。其中无机化肥喷肥间隔时间一般不少于 7 天;有机肥的间隔时间,一般为5天左右。

此外,要注意到:西瓜生长发育所需的基本营养元素,主要来自于基肥和其他方式追施的肥料,根外追肥只能作为一种辅助措施,不能本末倒置。

5. 叶面肥使用不当后的处理 发生伤叶时,要用清水冲洗叶面,冲洗掉多余肥料,并增加叶片的含水量,缓解叶片受害程度。土壤含水量不足时,要及时浇水,增加植株体内的含水量,以降低茎叶中的肥液浓度。

二、日光温室西瓜二氧化碳施肥技术

(一)二氧化碳施肥对西瓜的影响

绿色植物在进行光合作用时,都要吸收二氧化碳放出氧气。二氧化碳是植物光合作用的重要原料之一,在一定范围内,植物的光合产物随二氧化碳浓度的增加而提高,二氧化碳气肥在保护地西瓜生产中的作用尤其明显,可以大大提高光合作用效率,使之产生更多的碳水化合物。在保护地西瓜栽培中,二氧化碳亏缺是限制西瓜高产高效的重要因素之一。

大气中二氧化碳的含量一般为300毫升/立方米,这个浓度虽然能使西瓜正常生长,但不是进行光合作用的最佳浓度,西瓜在保护地栽培时,密度大且以密闭管理为主,通风量小,尽管温室内西瓜呼吸、有机肥发酵、土壤微生物活动等均能放出一部分二氧化碳,但只要西瓜进行短时间的光合作用后,温室内的二氧化碳含量就会急剧下降。根据用红外线气体分析仪测试得知,4月份保护地内二氧化碳浓度最高值是早晨拉帘前,达1 380毫升/立方米;日出拉开草帘后,随着光照强度的增加和温度的升高,光合速率加快,温室内二氧化碳的浓度迅速下降,到11时,温室内二氧化碳的浓度降至 135 毫升/立方米,由此可见温室内二氧化碳亏缺的程度。温室内二氧化碳浓度低于自然大气水平的持续时间一般为 9时至 17 时,17 时以后随着光照强度减弱和停止通风并盖苫,温室内二氧化碳浓度才逐渐回升到大气水平以上。当温室内温度达到30℃开始通风后,温室内的二氧化碳得到外界的补充,但远低于大气水平而不能满足西瓜正常生长发育的需要。测试结果表明,每天有效光合作用时,保护地内二氧化碳一直表现为亏缺状态,严重影响了西瓜光合作用的正常进行,制约了西瓜产量的提高。

试验证明,合理施用二氧化碳气肥,可提高西瓜光合速率,增加植株体内的糖分积累,从而在一定程度上可提高西瓜的抗病能力。增施二氧化碳肥,还能使叶片和果实的光泽变好,提高西瓜外观品质,同时可大幅度提高西瓜维生素 C 的含量,改善西瓜的营养品质。可使西瓜增产 10%~15%,效益相当可观。

(二)日光温室内施用二氧化碳的时间

日光温室西瓜生长发育前期,植株较小,吸收二氧化碳的数量相对较少,加之土壤中有机肥施用量大,其分解产生的二氧化碳较多,一般可以不施二氧化碳。若过早施二氧化碳,会导致茎叶生长过快,而影响开花坐果,不利于丰产。进入坐果期后,应加大二氧化碳施用量,到开花结果期正值营养需求量最大的时期,也是二氧化碳施用的关键期。此期即使外界温度已较高,通风量已加大,每天仍需要进行短时间的二氧化碳施肥。一般每天施用约 2 小时的高浓度二氧化碳,就能明显地促进西瓜生长。结果后期,植株的生长量减少,应停止施用二氧化碳,以降低生产费用。一天内,二氧化碳的具体施用时间应根据日光温室内二氧化碳的浓度变化以及植株的光合作用特点进行安排。一般晴天日出半小时后,日光温室内的二氧化碳浓度下降就较明显,浓度低于作物光合作用所需的适宜范围,因此晴天揭帘后需开始施用二氧化碳;多云或轻度阴天,可把施肥时间适当推迟半小时。

(三)二氧化碳气体施肥方法

二氧化碳气肥的施用方法比较简便,目前常用的方法主要有:微生物法、液态二氧化碳释放法、硫酸与碳酸氢铵反应法、碳酸氢铵加热分解法、燃烧气肥棒二氧化碳释放法、固体二氧化碳气肥直接施用法等 6 种。

1. 微生物法　增施有机肥,使有机肥在微生物的作用下缓慢释放二氧化碳以满足作物的需要。秸秆生物反应堆技术就是微生物法的一种应用形式。

2. 液态二氧化碳释放法　钢瓶二氧化碳气肥的供应可根据流量表和保护地体积准确控制用量。但由于钢瓶中二氧化碳温度很低(可达$-78℃$),在向保护地中输入前必须使其升温,否则会造成温室内温度下降,不利于甚至危害西瓜的生长。故在使用时需通过加热器将气体加热到相对比较恒定的温度再输出。输出时应选用直径 1 厘米粗的塑料管通入保护地中,由于二氧化碳的比重大于空气,所以必须把塑料管架在温室内较高位置。在塑料管上每隔 2 米左右扎一个小孔,把塑料管接到钢瓶出口,出口压力保持在$1\sim1.2$千克/厘米^2,每天根据情况放气 8～10 分钟即可。此法虽比较容易实现自动控制,但在气温高的季节还是不利于实施,应注意控制好。

3. 硫酸与碳酸氢铵反应法　该方法需通过用二氧化碳发生器来实施,选用的原料是碳酸氢铵和硫酸,塑料管架设方法同液态二氧化碳释放法。其原理是通过碳酸氢铵和硫酸反应放出二氧化碳,供给西瓜进行光合作用,生成的副产品硫酸铵可用作追肥,其反应式如下。

$$2NH_4HCO_3+H_2SO_4=(NH_4)_2SO_4+2CO_2\uparrow+2H_2O$$

4. 碳酸氢铵加热分解法　在专用容器中装入碳酸氢铵,通过加热使其分解出二氧化碳、氨气和水。其反应式如下。

$$NH_4HCO_3 \rightarrow CO_2 \uparrow + 2H_2O + NH_3 \uparrow$$

将分解出的气体通过专用容器过滤，把氨气溶解到水中，只放出二氧化碳，而后通过架设的塑料管释放到保护地中供西瓜进行光合作用。

5. 燃烧气肥棒二氧化碳释放法　直接燃烧气肥棒成品即可产生二氧化碳供西瓜吸收利用，该方法简便易行，安全、成本低、效果好、易推广。

6. 固体二氧化碳气肥直接施用法　通常将固体二氧化碳气肥按每平方米 2 穴、每穴 10 克施入土壤表层，并与土壤均匀混合，保持土层疏松。施用时勿靠近西瓜的根部，使用后不要用大水漫灌，以免影响二氧化碳气体的释放。

(四)施用二氧化碳气肥应注意的问题

第一，施用二氧化碳气肥时，温室内温度保持在 15℃以上，且须在揭草苫后 1 小时开始施用，在通风前 1 小时结束。

第二，施用适期一般在西瓜坐住瓜后、二氧化碳相当亏缺时，并须在晴天上午光照充足时施用，浓度可掌握在 1 500～2 200 毫升/米³，少云天气可少施或不施，阴雨雪天气不能施用。

第三，采用硫酸加碳铵反应法时，在施用反应所产生的副产品——硫酸铵前，应先用 pH 试纸测酸碱度。若 pH 值小于 6，则需再加入足量的碳酸氢铵中和多余的硫酸，使其完全反应后，方可对水作追肥用。在整个反应过程中做好气体输出的水过滤工序，以减少与避免有害气体的释放。同时各项操作要小心，以防硫酸溅出或溢出，而且在浓硫酸稀释时，一定要把浓硫酸倒入水中，千万不能把水倒入浓硫酸中，因为水的比重比浓硫酸的比重小，把水倒入浓硫酸中时，水容易溅出伤人。碳酸氢铵易挥发，不能将大袋碳酸氢铵放入温室内，防止西瓜遭受氨气的毒害，应分装后带入温室内使用。

第四,西瓜施用二氧化碳气肥后,光合作用增强,要相应改善水肥供应并加强各项管理措施,以达到高产稳产的目的。

三、日光温室西瓜浇水技术

(一)浇水原则

1. 看苗浇水　根据西瓜外部形态表现判断土壤含水分的多少,决定该不该浇水。植株在不同的水分条件下其长势表现不同:水分充足时,生长点嫩绿;缺水时,则生长点叶片小,叶色浓绿,颜色深于下部叶片。瓜秧一旦发生缺水现象,就应尽快浇水。

2. 按照生育阶段浇水　西瓜幼苗期需水量较少,一般采取控水蹲苗的措施,以促进根系下扎和健壮。伸蔓期对西瓜水分管理应掌握促控结合的原则,保持土壤见干见湿。西瓜进入开花结瓜期后,对水分较敏感,如果此期水分供应不足,则雌花子房较小,发育不良;如果供水过多,又易造成茎蔓旺长,同样对坐瓜不利。因此此期应以保持土壤湿润为宜。西瓜膨瓜期是需水较多的时期,应加大浇水量,以保持土壤较湿润为宜。根据西瓜的需水特点合理浇水,是西瓜早熟丰产的保证。幼苗移栽 7 天后,应及时浇缓苗水,以促进缓苗。浇水应在晴天的上午 8~10 时进行。伸蔓期植株需水量增加,当西瓜"甩龙头"即出现主蔓和辅养蔓后,可采取膜下暗灌的方法补充水分,水量不宜过大。坐瓜后浇好"三水":即在西瓜授粉后 10 天左右浇定瓜水;之后避开西瓜鹅蛋大小时的易裂瓜期,待西瓜长到碗口大小时浇膨瓜水;在西瓜转色前再浇一次收瓜水,这次浇水要足,因为这一水浇后直至收瓜前不再浇水。

3. 根据气候特点浇水　冬季浇水一般要选择在晴天进行,浇后最好能有几个连续晴天。一天之中,冬天或早春浇水应在上午进行,这次浇水水温地温差距较小,地温容易恢复,而且有充分的时间排湿,一般不宜在下午、傍晚特别是阴雪天浇水,否则易造成温室内湿度过大,引起病害大发生;中午也不宜浇水,以免高温浇水影响根系生态机能。夏秋季节应选在早晚浇水,这时天气炎热,日光温室可昼夜通风,以便于降温。

4. 使用先进科技浇水 就日光温室西瓜而言,高温高湿或低温高湿都是造成病害发生和蔓延的一个重要原因,如使用传统粗放的大水漫灌方式,既容易降温又增大湿度。如果改用膜下滴灌,即用地膜覆盖,膜下铺设滴灌管或滴灌带,不仅地膜覆盖可以提高地温,改善近地光照,而且还可减少土壤水分蒸发,降低空气湿度,减少病害大发生。同时,要注意浇水的水量。冬季定植时宜浇15℃左右的温水。平时水温则要求尽量与当地地温接近,一般以用井水灌溉为好,切忌用河水或塘中的冰冷水。要注意浇水量,特别是冬季温室西瓜严重缺水时,浇水量切不可过大,否则土壤易缺氧引起根系窒息而烂根,造成地上部叶片发黄甚至死亡。

如果水温过低,必须想办法获取温水。获取温水有以下 3 个方法:①利用深层地下水。深层地下水的温度较地面水的温度高,适合冬季日光温室内浇水,可利用水泵提取深层地下水进行浇灌。②在日光温室内预热水。在日光温室内建贮水池,池上用透光性能好的塑料薄膜覆盖,利用日光温室内的光照以及日光温室内多余的热量提高水温,待池水温度升高后再浇。③利用太阳能预热水。在日光温室顶部安装 1~3 个太阳能热水器,将温度适宜的水贮存于日光温室内的水池内,浇水时从池内提取即可。

(二)主要浇水方式

1. 明水沟灌 沟灌是我国地面灌溉中普遍应用于中耕作物的一种较好的灌水方法。实施沟灌技术,首先要在作物行间开挖灌水沟,灌溉水由输水沟或毛渠进入灌水沟后,在流动的过程中,主要借土壤毛细管作用从沟底和沟壁向周围渗透而湿润土壤。同时，在沟底利用重力作用浸润土壤。但在日光温室中采用沟灌，一次灌水量过大，地表长时间保持湿润，不但棚温、地温降低太快，回升较慢，且蒸发量加大，水蒸气不易散发，致使温室内湿度较大，易导致西瓜病虫害发生。因此，日光温室西瓜不宜采用明水沟灌。但日光温室西瓜在夏秋高温季节不覆盖地膜的条件下，有时也可以采用沟灌法浇明水。

2. 膜下沟暗灌　日光温室内所种西瓜一律采取起垄栽培，在定植后接着用地膜将两垄覆盖，使两垄间构成空间，灌水时控制在膜下进行，这一技术称为日光温室膜下暗灌技术。膜下暗灌时，一要注意浇水量适中；二要使小垄沟均匀受水，南北两头见水；三要及时封闭进水口，尽量避免水蒸气逸出。

膜下沟暗灌的优点是省水，易于管理。膜下暗灌技术比传统的畦灌节水 $50\% \sim 60\%$，比明水沟灌节水 40% 左右；不增加日光温室内空气湿度，可减少西瓜发病的机会；空气湿度小，还可减少温室内起雾的机会，因而不影响光照，可迅速提高棚温；还可减少土壤水分汽化损失，从而减少浇水次数。

采用膜下沟暗灌技术，要求膜下的灌水沟处于水平状态，防止出现灌溉不均匀的问题。

3. 膜下滴灌　膜下滴灌是覆膜种植与滴灌相结合的一种灌水技术，也是地膜栽培抗旱技术的延伸与深化。它根据西瓜生长发育的需要，将水通过滴灌系统一滴一滴地供给有限的土壤空间，仅在西瓜根系范围内进行局部灌溉，也可同时根据需要将化肥和农药等随水滴入西瓜根系。作为一种新型的节水灌溉技术，与地表灌溉、喷灌等技术相比，有其无可比拟的优点，是目前最为节水、节能的灌水方式。

（1）膜下滴灌的供水　日光温室滴水灌溉用水多数为井水，但用提井水的泵直接向温室内滴灌供水，存在着同时供水而又多品种蔬菜不同时用水的矛盾。因此,日光温室滴灌的供水一般应选择以下 4 种形式。

①地下贮水池加微型水泵供水 每座日光温室应在日光温室附近建一个 5～7 立方米的地埋式蓄水池,用机井集中向池中供水,滴灌时每座温室装微型水泵加压,并在滴灌首部装过滤器等。就整体计算,投资较大,但就每座日光温室来说,容易建设,便于管理。

②地上贮水池重力供水 贮水池底部离地面 0.5 米以上,不需用水泵即可进行滴灌,并且能提高池内水温。贮水池与地面之间的压力差,即池内水自身的重力,通过滴灌管直接供水。在滴灌首部装化肥罐和过滤器等。但如果在温室内建蓄水池,不仅占用温室空间,而且投资大,操作又非常麻烦。

③高塔集中供水 对于面积适中、温室集中、水源单一的地块,可选择用水塔作为供水的加压和调蓄设施,温室内不再另设加压设备。在水泵与水塔的输水管道上装过滤器等。虽然建设水塔一次性投资较大,但运行费用低,还可起到一定的调蓄水量作用。

④压力罐供水 对于日光温室多而又集中的片区,可采用压力罐集中加压。压力罐安装在水泵和滴灌管之间,可在无人控制的条件下保证管网连续工作,温室内不再另设加压设备。在水源处设置旋流水沙分离器和筛网过滤器组成的过滤设施。压力罐供水一次性投资小、管理方便,缺点是增加了灌溉运行的费用。

(2)膜下滴灌的应用

①滴灌毛管的选用 日光温室西瓜吊蔓密植栽培,根系发育范围小,对水分和养分的供应十分敏感,要求滴头布置密度大,毛管用量多,因而毛管选用价格较低的滴灌带,可有效地降低滴灌造价,且运行可靠,安装使用方便。

②膜下滴灌的布置 在滴灌进棚前,应顺棚跨起垄,垄宽 40 厘米,高 10～15 厘米,做成中间低的双高垄,滴灌带放在双高垄的

中间低凹处,垄上覆盖地膜。双高垄的中心距一般为 1 米,因而滴灌毛管的布置间距为 1 米。每根滴灌毛管的长度一般与棚宽(或棚长)相等,对需水量大的西瓜有时可布置两道。支管布置一般顺棚的后墙长度与棚长相等。在支管的首部安装施肥装置和二级网式过滤器等。

③滴灌西瓜的效益　日光温室膜下滴灌一般比大水漫灌节水70%左右,并能大幅度降低温室内湿度,减少病虫害,提高西瓜的品质。实行滴灌比大水漫灌棚温高,西瓜可提前上市 5 天左右。日光温室膜下滴灌西瓜可增产 10%～20%,投资回收期一般为4～6 个月。

(3)膜下滴灌的管理

①规范操作　膜下滴灌要想达到西瓜滴灌的最佳效果,其设计、安装和管理必须规范操作,不能随意拆掉过滤设施和在任意位置自行打孔。

②注意过滤　日光温室膜下滴灌西瓜,要经常清洗过滤器内的网,发现滤网破损要更换,滴灌管网发现泥沙应及时打开堵头冲洗。

③适量灌水　每次滴灌时间长短要根据缺水程度和西瓜品种决定,一般控制在 1～4 个小时。

(三)冬季西瓜如何科学浇水

1. 小水勤浇　冬季温室西瓜每次浇水量要小,可通过增加浇水次数来满足西瓜正常的需水要求。小水勤浇的主要目的,一是保持温室较高的地温,二是保持西瓜的正常生长需水。

2. 浇暗水　要坚持做到膜下暗灌,有条件的可实行膜下滴灌。这样可以有效地阻止地面水分蒸发,降低温室内的空气湿度,防止病害发生。

3. 浇水时间　最好选在晴天的上午进行,此时水温与地温比较接近,浇水后根系受刺激小、易适应;同时,地温恢复快,可有足够的时间排除温室内的湿气。午后浇水,会使地温骤变,影响根系的生理功能。下午、傍晚或雨雪天均不宜浇水。

4. 升温排湿 在浇水的当天,为尽快恢复地温,要封闭温室,提高室内温度,以气温促地温。待地温上升后,及时通风排湿,使室内的空气湿度降到适宜的范围内,以利于植株的健壮生长。

5. 提倡隔行浇水 即第一天浇 2,4,6 行……第二天浇 1,3,5 行……这样做不至于使温室内地温一次性降低过大而影响生长。

(四)冬季西瓜浇水后应注意什么问题

冬季日光温室西瓜浇水后,往往造成日光温室内地温低、湿度大,致使西瓜生长不良,病害多发。因此,冬季日光温室西瓜浇水后,应加强管理,创造一个西瓜生长适宜的环境,以保证西瓜正常生长,主要应注意做到以下几点。

1. 注意提温 冬季日光温室西瓜浇水后,应关闭放风口,把温室气温提起来,使温度比平时提高 2℃～3℃,以气温升高促地温回升,以促进西瓜正常生长。

2. 注意排湿 日光温室西瓜浇水后,应做好温室内排湿工作。其中提温就是一项有效的降低温室内湿度的好办法。可于浇水后,关闭日光温室放风口,在日光温室提温的过程中,温室内的湿度也会相应地降低,待温室气温升高后,再逐渐打开放风口,进一步通风排湿。

3. 注意防棚膜结露 西瓜浇水后,温室内湿气较大,棚膜很容易结露,影响日光温室的透光率。可向棚膜上喷用消雾剂或豆面水,消雾效果较好。

4. 用药要注意选用烟雾剂或粉尘剂 日光温室西瓜浇水后,温室内湿度较大,此时若再喷施药液,会增加温室内的湿度。因此,西瓜浇水后 1～2 天内,应尽量避免用药,必须用药时最好选用粉尘剂或烟雾剂。

5. 随浇水冲施肥时要注意防止气害 有的菜农追肥往往配合浇水进行,在菜农追施的肥料中,其中有很多含氮量过高的肥料。这些肥料在冲施后会发生氨气,在冬季日光温室密闭的情况下,极易熏坏西瓜。因此,在冲肥后日光温室一定要注意适当通风,把有害气体排出温室外。另外,在选择冲施肥时一定要选择含氮量较低的肥料,严寒季节可停用这类肥料,以避免气害的发生。

(五)西瓜浇水应协调好七个关系

1. 浇水与需水 西瓜浇水要按需要进行,不能按多少天浇一次水来安排。主要是看土壤水分的状况(通常叫墒情)来确定是否浇水。干旱时不浇水西瓜枝叶将萎蔫、干叶边甚至受害枯干,果实会因干旱浇水不及时而表皮无光或发生脐腐病。如果不缺水还浇水,除非是有的西瓜特殊的生理需要,否则极易引起沤根烂根,使西瓜根系受害,也会严重影响西瓜的生长发育。

2. 浇水与地温 浇水能明显影响地温,尤其是越冬的温室西瓜浇一次水会使地温明显降低。当冬季室外温度很低时,井水、河塘水温度多在 2℃~8℃,水的热容量大,升高温度需吸收大量的热。所以一次冷水浇后地温会迅速下降,短时间内难以恢复。温室西瓜的地温平时要比温室内气温的下限高 3℃~8℃,所以在浇一次水后,地温多由 20℃ 以上降到 10℃ 以下,很容易突破西瓜所要求的地温最低值(下限),会对西瓜生长结果尤其对根造成很大伤害,有的受害严重难以恢复。因此,冬天温室西瓜浇水要选晴天进行,要预先在头一天及浇水当天把棚温提高 2℃ 左右,浇水后的第一天即可把棚温提高 3℃,依靠较高的棚温提高地温,使地温下降幅度变小,并能尽快恢复。

冬天温室西瓜的浇水量也应适当减少,以避免温度低时水量太大,难以在浇水后把地温升上来。因为在温度升高时水分需要的热量最大,如果浇水量大,地温在浇水后恢复缓慢,将使西瓜的生理活动受到不利影响,严重阻碍西瓜的生长发育。因此,冬季温室西瓜减少浇水量很重要,可利用地膜覆盖以减少浇水次数。

3. 浇水与透气 西瓜浇水后,水分占据了土壤中的空隙,使其中的空气被排出,而空气对西瓜的根系很重要,如空气供应不足将使根系窒息,轻则根系受伤,生长慢,发育不良;重则根系褐变,毛细根死亡,甚至腐烂而引发病害,发生死棵。尤其在一些土质较黏的菜地中,原本黏土的通气性就较差,再浇水其透气性会进一步恶化,这便是冬季温室黏土地一浇水就黄叶的原因。这种土地原本不易缺铁而发生嫩叶变黄,是浇水使土壤中的空气被排挤出,根系吸收空气困难而受到严重伤害,对铁的吸收能力下降,表现出阶段性缺铁,导致嫩叶变黄。如果根系受害严重,则大叶片也会变黄,其原因是生长素供应不足,致使叶绿素分解。如果西瓜大叶嫩叶都变黄,则说明根系受到伤害的时间较长,而且达到了较严重的程度。要解决这些问题,首先要改良土壤,须年年大量施用作物秸秆肥及禽畜粪肥,每年每 667 平方米地应施用作物秸秆肥及畜禽粪肥 5 000 千克以上,使土壤由黏重变疏松,产生团粒结构,改善土壤空气的通透状况;其次,注意水量要小,隔一行浇一行,浇水后要适当升高棚温,并划锄地面,改善土壤的透气性。

4. 浇水与追肥 随着浇水进行肥料冲施的追肥方式,较适用于温室西瓜的特点。但目前不少地方菜农冲施肥普遍存在以下 3 个问题:一是冲肥量偏多。有些菜农错误地认为冲肥量越大产量越高,所以每 667 平方米施肥量一次超过 50～100 千克的大有人在。过量的冲肥会引发肥害,也会使土壤盐渍化,使土壤透气性不良,土壤溶液浓度过高,引发西瓜诸多生理问题。二是冲肥不注意与基肥相配合。有些地方甚至肥料施用以冲施化肥为主,颠倒了以有机肥为主,以化肥为辅的原则。三是冲肥要注意肥料的品种选择和品种搭配。如一般磷肥应随基肥深施,不宜仅随水冲施,西瓜进入结果期后,应注意氮、钾肥的配合冲施,钾肥与氮肥的比例也应控制在 3∶2 左右。

5. 浇水与施药　对地下病虫害的防治,通常以采用穴施或灌根等方式为宜,一般不采用随水冲药的方式。以水冲药的主要问题是用药量大,浇一次水,每 667 平方米用水量达 20～30 立方米,农药浓度按 500～1 000 倍液计算,一次用药需 10～20 千克;而用灌根、穴施等方法施药,每 667 平方米仅需几百克。冲施农药,用少了浓度太低不管用,用多了开支大,污染重。地下施药防治病虫时,不可在穴施后即浇水,这样做会稀释农药降低防效。

6. 浇水与防病　西瓜多喜潮湿,浇水会增加温室中的土壤空气湿度,有利于病害发生。在霜霉病、疫病、炭疽病等病害发生时,要尽量做到不同时浇水,须把浇水适当推迟。同时要注意采用膜下浇水的办法,避免温室中因浇水湿度过大给防治病害带来困难。一旦病害有发展蔓延趋势时,喷药防治要安排在浇水以前,力避先浇水再喷药。在浇水的过程中,病原菌会随水扩散和传播,一旦发现根部病害,在拔除病株施药防治的同时,须注意勿使浇水流经病穴,也可以用土堵填病穴防止流水传播病害。

7. 浇水与调节　西瓜过于旺长称为偏于营养生长,会使生殖生长、开花坐果发生困难,常引发落花落果或花少果少产量低的问题。西瓜旺长还会使其抗性下降,病害多发。要解决西瓜旺长的问题,控制浇水很重要,尤其在一批花的开花期,为确保坐果良好就应避免花期浇水。这就要求事先要做好安排,务必使开花期土壤不过于干旱。解决了西瓜旺长的问题就等于提高了坐果率。虽然现在应用植物生长调节剂蘸花,已较好地解决西瓜坐果率低的问题,但仍然应把控制浇水作为提高蘸花效果的保证。

充足的水分是弱苗返旺的条件,在苗弱的条件下,浇水与施氮肥相配合、与适当提高棚温相配合,才能较快地把弱苗弱株调理成苗壮生长。

第七章　日光温室西瓜栽培管理经验与新技术

一、日光温室西瓜高温闷棚防治霜霉病的"五注意"

高温闷棚防治霜霉病，是利用日光温室在密闭条件下形成高温，达到杀灭病原菌的目的。这是进行温室西瓜无公害生产的一项重要措施。虽然方法简单，行之有效，但如果操作不当，则会出现治病效果不明显或对西瓜造成危害等问题。寿光菜农在日光温室西瓜高温闷棚防治霜霉病中总结出"五注意"的经验。

第一，高温闷棚只适用于在西瓜植株生长健壮且略带旺长趋势的温室里进行，如遇连阴骤晴，地温低，绝对不能采用。

第二，闷棚前一天必须浇 1 次大水，同时喷 1 次防治霜霉病的高效杀菌剂，并适当控制好稍高的夜温，以减少地温散失，尽量使地温与气温差距不要过大。

第三，闷棚当日揭苫后要封闭温室，不能通风，待 9～10 时左右温度急剧上升，力争迅速将室温提到 45℃左右。为了掌握温度，要在温室中部的西瓜植株相当于生长点的高度，分前、中、后各挂上一支温度计。每隔 15 分钟左右观察 1 次，当温度达到 43℃时开始计时，连闷 1.5～2 小时，此间温度不能低于 42℃，也不能超过 48℃。如温度过低效果不明显，温度过高西瓜会受害。同时，要注意观察植株表现，当室温达到 44℃～46℃时，生长点以下的 3～4 片叶上卷，生长点斜向一侧，说明一切正常。当生长点以下叶片没有上卷现象,或发现生长点小叶萎缩,说明土壤水分或空气湿度不够,或植株不适应以至发生伤热,应及时逐渐放出热量,结束闷棚。放热一定要从顶部慢慢加大通风口,缓慢地使室温下降。当温度超过45℃时,不宜采用开口通风的方法降温,可适当放草苫遮荫降温。

第四,高温闷棚多杀死分散在西瓜叶片表面的病菌孢子,而侵入叶片的病菌孢子则往往得以生存下来。它们在潜伏2～4天后,又会产生新的分生孢子,继续扩散危害。所以,在霜霉病暴发时,第一次闷棚后的4天左右须再进行1次闷棚,这样才能彻底根除温室里的病原菌。以后每隔10～15天闷1次棚即可。

第五,高温闷棚后可从病斑及霉层上判断其效果:病斑呈黄白干枯、边缘整齐、周围呈鲜绿色,病叶背面霉层干枯或消失,说明闷棚效果好;病斑周围呈不规则的黄绿色,叶背霉层新鲜呈灰色,说明效果不好,病情仍在发展中,应及时检查原因,迅速采取有效措施。

闷棚时监测温度的温度计,要选用棒状温度计(板式温度计受木板影响,温度易偏离),分别挂在温室中部的上、中、下三个部位。对靠近西瓜生长点处,测温要勤,一般10～15分钟观测一次。

二、西瓜早春整枝与坐果技术

早春保护地栽培的西瓜面积逐年大幅度增加,经济效益比较高,深受农户欢迎。早春保护地西瓜多年的栽培实践表明,在相同的水肥管理条件下,要提高西瓜的商品价值,减少果实畸形、品质低劣的问题,必须抓好整枝与坐果的关键技术措施。

(一)整　枝

通过整枝减少不必要的营养消耗,调节子蔓生长速度,使西瓜由营养生长逐步向生殖生长过渡。

1. 缓苗期至团棵期 该期生长相对缓慢,根系未完全扎牢,不宜早摘心,应在 6 片真叶时摘心为宜。

2. 伸蔓前期 这一阶段抽生的子蔓参差不齐,差别相当大,先抽子蔓甚至比后抽子蔓多 4～5 个节位,切忌将先抽出的子蔓除去,可将先抽出的子蔓捏伤,一般 4 天左右即可恢复正常;捏一次不行,可反复捏 1～2 次,结果是每株所留 3～4 条子蔓几乎完全一致,这就能保证每条子蔓同时开花,同时坐果,同时膨大,坐果率高,商品率也高。

3. 伸蔓期至坐果前 这一阶段在及时摘除多余侧枝的同时,关键是抓好坐果前后的两次整枝。坐果前以及幼瓜如鸡蛋大或上膨瓜肥前,一定要将所有侧枝彻底摘除,调整营养生长,保证营养集中供应。

4. 膨瓜期 这一阶段及以后不必整枝,随着西瓜逐渐膨大定形,自身调节能力不断增强,多蔓有利于多坐果,可提高第二批瓜的产量。

(二)坐 果

坐果时间、时机及坐果节位的选择,对第一茬西瓜的商品性及产量有很大的影响。

1. 坐果节位的选择 一般选留第二朵雌花坐果,对长势特旺或第一朵雌花出现节位高的秧蔓,也可根据"瓜胎"大小选坐果雌花,雌花完全开放时瓜胎与小花生米大小接近的就可以选留坐果。

2. 坐果时间及时机 坐果时间应选择上午,雌花开放时坐果是关键,坐果率非常高,即使温室内温度超过 35℃也无妨。切忌盲目抢时间上市,在"瓜胎"尚未发育完全(如黄豆大小)时用药物促进坐果,只会使坐果率偏低,畸形瓜多,商品率不高。

3. 人工施用药剂与利用昆虫授粉增加坐果相结合 第一茬

瓜坐果期遇到连绵阴雨、气温低的恶劣天气条件,雄花少或缺少花粉时,以人工施药促坐果为主。后茬瓜天气逐渐转好,气温升高,可以进行人工授粉或利用蜜蜂授粉促进坐果。

蜜蜂授粉,是锦上添花的农艺措施,一般可以提高 30％以上的产量。蜜蜂能及时授粉,与瓜花开放同步进行,并能给雌花柱头着充足花粉粒,加快受精速度,促使早坐果、早上市;并可使瓜圆肉甜,提高西瓜品质。有的人只知道蜜蜂可为草莓授粉,却忽视蜜蜂对西瓜授粉的重要性,这种观念要改变。

盛花期前 10 天及盛花期各喷施一次硼肥,能明显促进西瓜花的发育,提高西瓜坐果率。各个生长阶段注意抓好关键的农艺措施,对提高西瓜产量具有重要作用。

三、"牙签截流"巧防西瓜裂瓜

在西瓜生长进入快速膨瓜期时,由于受品种、施肥、环境等条件的影响,果实极易开裂而造成严重减产。

裂瓜的直接原因是瓜皮生长速度慢于瓜瓤生长速度。要解决这一问题,除了控制肥水、调控温度环境外,还可通过控制供给西瓜果实生长的营养含量,防止营养过剩造成裂瓜。控制供给西瓜果实的营养含量的方法简单易行:一只手拿牙签,另一只手稳住西瓜把,将牙签轻轻插入瓜把内,这样便可起到截留营养、减少裂瓜的作用。

四、怎样提高西瓜坐瓜率

(一)适时适温授粉

花粉的活性是决定西瓜坐瓜率的关键。西瓜开花后,在晴天条件下,花粉生命力可持续 3 个小时左右,所以应尽量在这个时间段内完成授粉工作。有些菜农却是先想法提高温室内的温度,近中午时才开始授粉,这种做法不可取。正确的做法应该是利用晴好天气,抓紧在上午 8 时左右开始授粉,力争在中午 11 时前授完粉,如棚温超过 33℃时应通风降温。

(二)轻捏瓜蔓防化瓜

旺长的植株茎蔓粗壮,幼瓜坐住后生长缓慢,很容易出现化瓜现象。在幼瓜上端即靠近生长点的一端距离幼瓜 2～3 片叶的茎蔓上轻捏一下,以把茎蔓捏扁为好,这样做可减少营养向生长点的输送,可防止茎蔓旺长,促进幼瓜生长,防止化瓜。

(三)茎蔓适时摘心

很多菜农看到西瓜长到拳头大小时就以为这个瓜能留住了,因而提早给茎蔓摘心,这对于长势正常的植株上是可行的,但对于长势旺盛的植株而言,则需要等到幼瓜如碗口大小、瓜皮颜色稍变暗时才可将茎蔓摘心。长势旺的植株若摘心过早,容易出现裂瓜现象,从而降低成瓜率。

五、一减二控三管,加快西瓜膨果

西瓜膨果慢,可通过一减二控三管的方式进行调节。

(一)减少西瓜瓜蔓的损伤

在日常管理中,由于机械损伤、踩踏等因素,极易造成西瓜瓜蔓受伤。西瓜瓜蔓一旦受伤,就会影响其健壮生长,致使西瓜膨大缓慢,甚至产生畸形瓜。这时,应及时整好蔓,尽量减少田间授粉、打药造成的瓜蔓受伤现象,保证西瓜生长不受影响。

(二)控旺促壮

西瓜营养生长过旺,势必导致生殖生长受到抑制,也就是西瓜膨大时得不到充足的营养,导致西瓜膨果慢,甚至会无法继续膨大而产生僵瓜。针对这种情况,应严格控制氮肥的使用量和温室内的温度,还可采取摘心或叶面喷洒矮壮素、多效唑等抑制剂控制植株生长。

(三)加强膨果期的肥水管理

西瓜进入膨果期以后,需水需肥量增多,若此时不及时供水供肥,西瓜得不到足够的水分、养分,导致生长受到抑制,膨瓜较慢。这时,应及时加强肥水供应。一般进入膨果期后,每隔 8~10 天应浇 1 次水,并随水冲施全水溶性肥料(芳润牌三元复合肥 20：10：30),也可叶面喷洒全营养型叶面肥(芳润牌三元复合肥 20：10：30),供给西瓜膨果所需的营养,保证西瓜生长的需要。

六、西瓜整蔓要抓住三个关键环节

西瓜分枝性强,无论是主蔓或侧蔓,每节的叶腋都能长出分枝,长成侧蔓。所以,及时整蔓可改善株间通风透光条件,减少不必要的养分消耗,促进坐瓜和膨大,提高产量。

生产中,由于没有合理整蔓而影响西瓜产量和品质的情况屡见不鲜。为此,西瓜栽培中必须注意及时整蔓、合理整蔓。

(一)整蔓要早

西瓜定植后 15 天左右,大、中果型的西瓜主蔓可长达 50 厘米。在天气晴好、气温适宜的情况下,这些瓜蔓生长速度很快。如果瓜蔓过长,整理时也容易对瓜蔓造成更大的损伤,影响西瓜长势,易被病害侵染,所以整蔓一定要赶早,在展蔓初期就要及时整蔓。

(二)留蔓要准

整蔓一般采取一主两侧的方法。每株西瓜除留主蔓外,还应在主蔓基部选留 2 条健壮的侧蔓。当主蔓长到 50 厘米长左右、基部侧蔓长到 10～15 厘米长时开始整枝,以后每隔 3～5 天整理 1次,总共要整 2～3 次。后期要将主蔓和所留侧蔓上长出的枝蔓全部摘除。

(三)适时压蔓

压蔓是为了固定蔓和瓜,使蔓和果实在整枝时不易滚动,而且使主、侧蔓均匀分布于行间,以利于提高光合效率,调节营养生长和生殖生长的关系,促进坐瓜和果实膨大。

七、越夏西瓜要选好雌花坐好瓜

一般来说,越夏西瓜最佳的留瓜部位是西瓜的第二朵雌花,但由于受夏季高温多雨的影响,越夏西瓜较难坐瓜。在留瓜前要看植株的长势,长势过旺过弱的植株不适合留瓜,要调整好植株的长势后再进行留瓜。一般来说,越夏西瓜在坐瓜前极易出现徒长现象,致使西瓜较难坐瓜。一旦发现西瓜有徒长现象时,要及时喷施助壮素 750 倍液或矮壮素 1 500 倍液进行控制。此外,对于长势较弱的植株,可叶面喷施甲壳素等促进植株生长健壮。调控好植株长势后,留瓜的关键在于选好雌花。选留雌花要看西瓜的瓜形,一般来说,西瓜子房呈圆形或长圆形,茸毛少,果柄粗长,花瓣较大的雌花容易坐瓜,而且坐住的瓜个大、质量好。选好花后 2～3 天,如发现子房膨大快,果柄向上弯曲,则表明瓜已坐住。授粉后,肥水管理要跟上。越夏西瓜因生育期短，应尽量施用生物有机肥，不要施用氮肥，并注意增施磷、钾肥。若西瓜生长期间过多施用氮肥，而磷、钾肥不足，则会导致植株徒长，不易坐瓜。

在浇水时也要注意，在西瓜开花前后，若看到叶片或龙头处小叶向内并拢，叶色灰暗，龙头低垂，就应该浇水，如果此时还不浇水的话，极易引起化瓜。假如发现植株叶片或龙头处小叶舒展，叶缘颜色变淡，龙头顶端明显翘起，则说明土壤水分过多，这时植株易发生徒长而影响坐瓜。

八、采用"一浸二喷三洗"方法预防西瓜死苗

在西瓜育苗前后，做好"一浸二喷三洗"工作，可有效地预防死苗的问题。

一浸，指西瓜播种前的浸种处理。采用温汤浸种处理的方法，先把西瓜种子泡一下，而后放入55℃～60℃的热水中，不停地朝一个方向搅拌，烫种10～15分钟，等水温降到30℃左右时，开始转入浸种，浸种时间为24小时左右。

二喷，指用药剂喷施处理育苗土。西瓜死苗问题严重，其主要原因与瓜农育苗采用的育苗土不净有关。育苗土往往携带有猝倒病、立枯病的病原菌，但有的瓜农未能有效地做好土壤的处理工作。建议瓜农在西瓜播种时采用自制的木盒子（长70厘米、宽50厘米、高10厘米，可播1 200粒种子），在木盒子底部平铺2～3厘米厚的大田细砂壤土，用喷雾器喷施1～2遍多菌灵500倍液，接着覆盖经用多菌灵处理的细沙土5厘米厚，而后把经过催芽露白的西瓜种子均匀地撒播于沙土上，最后再用经多菌灵处理的细沙土盖种，厚度约1.5厘米左右。实践证明，使用育苗木盒子和细沙土育苗，水分易往下渗透，透气性好，可避免发生沤根，而经药剂喷施处理的育苗土，可有效地预防猝倒病、立枯病的发生。

三洗，指用药液清洗接穗。西瓜多采用插接法嫁接，西瓜嫁接后，接穗部分发病死亡的现象越来越多。接穗死亡，除了嫁接不好的原因外，还与接穗感染杂菌有关。因此，嫁接前，首先对南瓜砧木，用百菌清 1 000 倍液喷洒，嫁接前两小时用刀片在接穗子叶下约 3 厘米处切断，取下接穗放入药液(15 升水加入 30％多·福 30克左右)中浸泡清洗 1 分钟，捞出放入筐内备嫁接时用。通过洗苗，一是减少接穗带菌传播，保护接穗；二是能洗去接穗上的细沙粒，提高嫁接的成活率。

九、日光温室西瓜坐瓜难的原因及应对措施

(一)受天气影响导致坐瓜难

春节前后正值大部分日光温室西瓜定植，由于西瓜开花期遇阴雨雪天气较多，接受光照时间短，光照弱，温度偏低，低温弱光的环境条件使西瓜花芽分化受到影响，难以授粉，难以坐瓜；有些即使坐住瓜，结出的瓜也不周正。若遇低温阴雨雪天气，首先要提高温室内的温度，可通过地面铺设水袋利用水比热大的特点保温，也可在温室内生火炉，但要及时查看，防止气害。

(二)坐瓜灵(有效成分为吡效隆)使用浓度过高

部分菜农使用的坐瓜灵浓度明显偏高。冬春季虽然温度较低，但不能过量施用坐瓜灵促进坐瓜，一旦浓度偏高会造成瓜体畸形甚至无法坐瓜。冬春季节温度低时，建议西瓜开花当天喷洒 1袋坐瓜灵(10 毫升)对 1.25～1.5 升水。根据温度升高或降低，灵活掌握坐瓜灵的使用浓度。气温回升后应减少使用浓度，用 1 袋坐瓜灵对 2～2.5 升水喷花。

(三)瓜蔓营养生长过旺

有些菜农由于过量施用氮肥,造成西瓜蔓营养生长过旺,导致瓜纽无法形成,或出现了畸形瓜。西瓜生长前期不应过量追施氮肥,氮磷钾施用要均衡,坐瓜后适当增施钾肥,这样可促进瓜体生长和提高含糖量。如发现西瓜茎蔓生长过旺,可喷用爱多收(2.85%硝·萘酸水剂)2 000~3 000倍液或助壮素800倍液进行抑制。

(四)硼缺乏造成坐瓜难

硼参与花芽分化,西瓜花芽分化期如果缺乏硼元素,会影响花芽的形成,造成坐瓜难。西瓜定植前每667平方米应在土壤中施入1千克硼砂,如果定植前没有施,花芽分化前应及时补充施1 200倍液的硼砂,以补充硼元素,西瓜才能正常进行花芽分化,从而正常开花坐瓜。

十、西瓜授粉时的两点禁忌

(一)西瓜授粉过晚,将降低授粉率

花粉对温度非常敏感,气温超过30℃,花粉的活性会迅速降低,导致无粉可授。有关资料显示:当夜温升至14℃时,西瓜会在上午9时开花;夜温在20℃以上时,西瓜会在早晨5时开花,夜温每增减1℃,开花时间平均变动30分钟,温度超过30℃时,花朵很容易凋谢。因此,早晨开的花一定要在早上及时授粉,切不可等到温度升高后再授粉。

(二)一朵雄花给多朵雌花授粉,将造成授粉不均或不足

西瓜雄花授粉量愈大,雌花坐瓜率就越高。因此,一朵雄花最好只授一朵雌花,不要超过两朵。如果雄花本身花粉量就少,只用一朵雄花给多朵雌花授粉,就会导致授粉不均,而形成偏瓜。如果一朵雄花给多朵雌花授粉,还容易使花粉量骤减,花粉机能衰退而产生化瓜。

此外,授粉后2~3小时,花粉管即开始伸入花柱,第二天就可进入子房与胚珠结合受精。所以在授粉后3小时内不要喷药,以免冲刷掉雌花柱头上的花粉,使其受精不足而造成裂瓜、化瓜。

十一、对早春茬西瓜要严把定植关

(一)定植前蘸根防病

在幼苗运输、定植过程中,难免会对根系、茎秆、叶片等造成一定的机械损伤,形成大小不一的伤口,因而给病原侵染制造了机会。可用阿米西达2 000倍液、中生菌素2 000倍液配合甲壳素500倍液蘸根,对绝大多数真菌、细菌性病害可起到预防作用,并可促进根系生长发育,提早缓苗。

(二)取苗应"先捏后提"

多数菜农育苗时都是选用营养钵或穴盘进行。西瓜苗需要嫁接,苗龄期长达两个月,根系、茎秆老化,因此定植时要特别谨慎,避免根系、茎秆受伤,以免引发病害造成死苗等问题。取苗时先用手指顶一下或捏一下穴盘底部,再取出幼苗,这样可以使穴盘或营养钵与基质脱离,不必用力即可取出苗子,大大减少了幼苗根系、茎秆受伤的数量。

(三)定植要浅

不少菜农在定植西瓜苗时存在定植过深的问题。他们往往担心定植后浇水时露坨,冲歪或把幼苗冲出,因此把苗子栽得较深,这是不可取的。因为冬春季节地温较低,尤其是深层地温提升较慢。定植过深,势必会使根系周围地温较低,土壤透气性较差,容易积水,从而抑制根系的生长和扩展,导致缓苗慢、长势弱。因此,栽苗时原土坨面应稍高于畦面1~2厘米。定植后,幼苗覆土1.5厘米,并浇好定植水。

(四)定植水要小

目前,多数菜农还保持着定植后浇大水缓苗的习惯,这是不科学的。西瓜定植时,温度还很低,浇水过大,会使地温难以提高,影响缓苗。科学的做法是:定植前一周先浇1次水,提前湿润土壤、升高地温,避免定植水过大。定植时,只需浇小水湿润定植穴周围即可,这样可保证温室内地温快速升高而促进缓苗。

十二、早春茬西瓜定植前后要提高地温尽快缓苗

地温低是影响早春茬西瓜缓苗生长的主要因素。所以,在早春西瓜定植前后一定要注意提高和保持地温。

(一)定植前期的工作

在西瓜定植前15~20天,日光温室要及时覆盖新棚膜提高地温。覆盖新棚膜后,温室内土壤非常干燥,若西瓜定植前不浇水,定植后往往用大水灌溉,以保证土壤中的水分,这对于提高地温很不利。正确的做法是:在覆盖新膜后,先浇水灌溉,补充土壤中的水分,而后撑起小拱棚,以快速提高地温。在西瓜定植时,可以少

浇水,减轻浇水对地温的影响。覆盖好新膜、撑好小拱棚、浇足水10天内,20厘米土层的温度可提高到20℃以上,有利于西瓜定植后的缓苗。

(二)定植阶段的工作

浇水后覆膜提高地温,定植时土壤仍较为湿润,地温也基本恢复到20℃以上。由于土壤湿润,所以定植后应少浇水,可用水桶、水管单株浇灌或利用微灌设施少量浇水。以利于快速恢复地温,促进根系的生长和缓苗。定植后保持较高的地温,可以使西瓜根系更快生长,提早缓苗。同时需要注意的是,西瓜定植时要尽量减少对瓜苗的损伤,以提高瓜苗对低温的抵抗力。定植后的一段时间内,为促进西瓜缓苗,日光温室内的主要管理工作还是保温促长。

十三、科学施肥,提高西瓜甜度

(一)增施磷、钾肥

磷、钾元素对碳水化合物的形成、运输和贮存均有促进作用,因此,增施磷、钾肥能提高西瓜含糖量。如果单一地施氮肥,则会降低西瓜含糖量。试验证明,每667平方米西瓜地施农家肥3000~4000千克,以后再追施磷、钾肥,增甜效果明显。一般在西瓜坐瓜后,每667平方米施硫酸钾10千克,可提高西瓜甜度1%~2%。初期喷施0.2%磷酸二氢钾水溶液,或在伸蔓初期每667平方米穴施磷肥5千克。

(二)喷洒增甜液

在西瓜生长的中后期,向西瓜叶面喷施增甜液。增甜液的配方为:硼砂 30 克,蔗糖 1 000 克,氢化钙 5 克,对水 50 升。每 667 平方米喷施 25～30 千克,可使西瓜甜度提高 1%～2%。

(三)施甜叶菊豆粒肥

取甜叶菊 0.5 千克对水 25 升,加入大豆 10 千克,入锅浸泡,待大豆膨胀后煮沸,直至把水熬干即成甜叶菊豆粒肥。在西瓜坐瓜时,把该肥施于根部附近,覆土 3～5 厘米厚。

(四)施红糖豆饼肥

取红糖 500～1 000 克溶解于 15～25 升水中,待水煮沸后加入豆饼 5 千克,用温火煮干为止,然后将豆饼与米糠混合撒施在西瓜根部周围,覆土 3～5 厘米。经过此法处理后,西瓜甜度相当于白糖甜度的 50%左右。

十四、怎样识别西瓜雌花是否能坐住瓜

识别西瓜雌花是否能坐住瓜,不仅能够及时准确地选瓜、留瓜,提高西瓜的商品性,而且能够对没坐住瓜的植株及时采取补救措施,以提高西瓜的坐瓜率。识别西瓜雌花能否坐住瓜的依据主要有以下五点。

(一)看雌花形态特征

早熟品种西瓜的子房一般呈圆形(少数也呈长圆形),茸毛少,果柄粗而长,花瓣较大,这样的雌花容易坐瓜。果形椭圆的西瓜(多数为中晚熟品种)子房呈长圆形,茸毛多,果柄粗而长,密生茸毛,花瓣大的雌花容易坐瓜,并且瓜个大,品质好;反之,果柄细短,子房较小呈圆形,茸毛稀疏,花瓣小的雌花不易坐瓜,即使坐住瓜,瓜个小,品质差,产量低。

(二)看子房发育速度

授粉后的第二天,果柄伸长并向下弯曲,子房明显膨大;授粉后第三天,子房横径达 2 厘米左右,具有光泽,是雌花已经坐住瓜的表现。如果雌花授粉后 2～3 天果柄仍细短,无明显伸展,子房发育缓慢,色泽暗淡,这样的瓜胎坐不住。

(三)看植株生长状况

西瓜的叶片中午稍向内弯曲,傍晚舒展,叶片的姿态微平,节间长度小于(或等于)叶片长度,说明植株长势正常,并且易坐瓜。当植株节间变长,叶柄细长,叶片薄而狭长,叶色淡绿,叶柄长度大于叶片长度时,说明植株营养生长过旺,已发生徒长,这样的植株雌花出现延迟,且不易坐瓜。当植株长势过弱时,主蔓变细,叶片变小,叶柄细而短,叶片变薄,叶色暗淡,雌花出现过早,子房变小,呈圆形,这样的植株虽然容易坐瓜,但往往因为瓜的发育不正常而成畸形瓜,或瓜胎后期逐渐萎缩,导致化瓜。

(四)看雌花着生部位

当日开放的雌花节位距瓜蔓顶端 30～50 厘米,蔓粗 0.6～0.8 厘米,节间长度小于(或等于)叶片长度,说明植株生长正常,容易坐瓜。如果叶柄长度大于叶片长度,当日开放的雌花节位距瓜蔓顶端的距离大于 60 厘米,说明植株营养生长过旺,将抑制生殖生长,不易坐瓜。如果开放的雌花节位距瓜蔓顶端的距离小于20 厘米,表明植株生长势过弱,也不易坐瓜。

(五)肥水管理要科学

如果基肥中过多施用化肥,而少施或不施有机肥,不仅会流失一部分营养成分,浪费肥料,而且常常造成植株徒长,坐瓜延迟。

若西瓜生长期间过多施用氮肥,而不施或少施磷、钾肥,也会导致植株徒长,不易坐瓜。西瓜开花前后对水分的要求严格,若在中午前后看到叶片或瓜蔓龙头处小叶向内并拢,叶色灰暗,龙头低垂,说明植株缺水,容易导致落花和化瓜。若看到植株叶片或瓜蔓龙头处小叶舒展,叶缘颜色变淡,龙头顶端明显翘起,说明土壤水分过多,植株易发生徒长而影响坐瓜。

在识别西瓜能否坐住瓜的基础上,应主动采取积极措施,促进坐瓜,提高坐瓜率。其主要措施是:①进行人工授粉;②将该雌花前后两节蔓固定住,防止风吹瓜蔓磨伤瓜胎;③将其他不留的瓜胎及时摘掉,以集中养料供应所留瓜胎的生长;④在开花前后正确施用肥水。如采用上述措施后,仍坐不住瓜时,应立即改为在另一条生长健壮的瓜蔓上选留雌花,并且根据情况采用上述促进坐瓜的各项措施,这样做一般都可坐住瓜。

十五、日光温室西瓜二次结瓜栽培技术

(一)茬口安排

为了保证第二茬西瓜更好地生长发育,播种期应尽早提前。日光温室西瓜栽培一般在 12 月下旬至翌年 1 月上旬播种育苗,2 月中旬至下旬定植,4 月底至 5 月上旬头茬瓜采收后转入第二茬瓜的栽培管理。

(二)品种选择

选用植株分枝能力强、雌花节位低、抗病性强、耐低温弱光、生长势强、坐瓜率高、外观和内在品质好的小型西瓜品种,如早春红玉、红小帅和黄小帅等。

(三)加强头茬瓜的栽培管理

在日光温室中进行播种育苗,育苗床铺地热线并加扣小拱棚,日历苗龄为 40～45 天,生理苗龄为 3 叶 1 心或 4 叶 1 心时定植。

二次结瓜栽培的植株生长期长、结瓜多、产量高,对肥料的需求量相对较多。基肥以优质有机肥为主,配合施用化学肥料,在中等肥力条件下,结合整地每 667 平方米施入充分腐熟厩肥 3 000千克,过磷酸钙 25 千克,三元复合肥 30 千克,其中三分之一的肥料于耕前铺施,深翻 0.25～0.3 米,瓜畦开沟后施入其余的 2/3。

采用立架栽培方式或者大垄地爬栽培方式。立架栽培的畦面宽 0.8 米,畦高约 0.15 米,沟宽 0.6 米;大垄地爬栽培的垄面宽 2.8 米,垄高约 0.2 米,定植沟宽 0.3 米。畦(垄)面覆盖地膜后双行定植,立架栽培的行株距为 0.7 米×0.6 米,每 667 平方米温室定植 1 300 株左右。大垄地爬栽培的株距为 0.45 米,定植在垄面边缘处,伸蔓后同一垄面上的两行植株相对爬蔓,每 667 平方米温室定植 800 株左右。若种植密度过大,将影响头茬瓜的生长,并使二茬瓜发育不良;密度过小,不能获得较高产量。定植后及时扣小拱棚保温,促使尽快缓苗。

头茬瓜在施肥、浇水、除草、打药、整枝以及采收等管理过程中,要小心保护好根系,使根系不受损伤;在生长中、后期及时中耕松土 1～2 次,促进根系萌发新根,保证第二茬瓜能正常健壮生长。头茬瓜多数采收后,要随水施一次速效氮肥,每 667 平方米施用尿素 15～20 千克,促进腋芽萌发和侧枝旺盛生长,为第二茬瓜生产打好基础。

(四)抓好第二茬瓜的栽培管理

1. 整枝方法 在头茬瓜采收结束后,选择生长状况良好、长势平衡、无严重病虫害的植株进行第二茬瓜的栽培。其整枝方法可采用"上部预留侧枝法"和"割蔓再生法"。

(1)上部预留侧枝法 在头茬瓜结果后期,选留2~3条生长健壮、长势相近且节位较低的侧蔓,将其余侧蔓全部摘除。对预留侧蔓留下3~4片叶打顶,再发新枝后,仍然留下3~4片叶摘心,控制侧蔓长度,直到头茬瓜采收后再放开侧蔓,不再控制其生长。及时剪除选留侧蔓节位以上的老蔓,摘除此节位以下的老叶、病叶,仅保留8~10片功能叶。同时拔除田间杂草、死秧,清扫落叶,清洁园田。此法利用现有的枝蔓,无须重新发枝,第二茬瓜坐瓜较早。

(2)割蔓再生法 头茬瓜采收后割蔓清园,距离茎基部15~20厘米处用快刀割除主蔓及侧蔓,拔除死秧和杂草,将剪除老蔓连同落叶、杂草全部清除出温室。选择合适的割蔓时机是二茬瓜栽培的关键,如割蔓过早,将影响头茬瓜的生长和收获;割蔓过迟,第二茬瓜容易遇到多雨及高温高湿天气引发病虫害。割蔓一般选在天气晴好、温度较高的时候进行,此时割蔓,伤口不易受到感染,新枝萌发快。割蔓后约1周,即有腋芽萌发,并形成新芽、嫩枝。新蔓长至20~30厘米后开始整枝,去弱留壮,最后每株选留2~3条健壮、饱满、长势好的作为新的瓜蔓留下,其余的则全部去除。此法利用再生的枝蔓,长势较强,全田植株整齐,坐瓜节位较低。

2. 整枝后的田间管理

(1)肥水管理 整枝后每667平方米随水浇施15千克的尿素和15千克的硝酸钾,促进新蔓的生长或腋芽萌发。为促进枝蔓生长和坐果,用0.2%磷酸二氢钾喷施叶面,每7天喷施1次,连喷2次。对于割蔓植株,当新蔓长出10天左右,再追施1次催秧肥,每667平方米施尿素12千克。当瓜坐齐有鸡蛋大小时,结合浇水每667平方米追施尿素8千克。在各阶段根据天气情况浇水,以保持土壤湿润。

(2)落蔓盘秧 上部预留侧蔓的植株,茎蔓较长,坐瓜部位距离根系较远,影响果实的肥水供应,使品质降低。同时,茎蔓过长,全田植株参差不齐,植株间相互遮光,因此,必须进行落蔓盘秧管理。对于立架栽培的植株,把茎蔓从架上解开、下放,将下部多余的茎蔓围绕茎基部盘绕在地面上,然后再将上部的茎蔓重新固定在立架上。对于地爬栽培的植株,将近茎基部多余茎蔓围绕茎基部盘绕在地面上后,前部的茎蔓再按照头茬瓜的理蔓方法进行管理。

(3)授粉坐瓜　上部预留侧枝的植株可在第一、第二朵雌花授粉留瓜,否则坐瓜节位过高,影响营养供应;割蔓再生的植株一般可选第二、第三朵雌花授粉留瓜。第二茬瓜植株的地上部光合作用和地下部根系吸收功能相对减弱,故栽培上一般只选留1个瓜,以保证充足的养分供应。在早晨6～8时将雄花摘下用花粉对着雌花柱头涂抹,1朵雄花可涂2～3朵雌花,以提高坐瓜率。

(4)遮阳降温　第二茬瓜的栽培已进入夏季,气温较高,不利于西瓜生长。要及时拆卸温室的裙膜和天窗,换上防虫网,以利于通风。如阳光照射过强,温室内气温超过35℃时,要在温室上方覆盖遮阳网或涂抹泥浆,降低温室内温度。

(5)适时采收　第二茬瓜最早的可在6月中旬成熟,最晚的在7月下旬成熟。第二茬瓜皮薄、易裂,一般在8～9成熟时即可采收。

(五)病虫害防治

西瓜二次结瓜栽培的生长期较长,经历了从寒冬到酷暑的气候变化,容易发生病虫害。特别是在第二茬瓜生长期间,多遇高温多雨天气,常见枯萎病、病毒病、蚜虫、斜纹夜蛾等病虫严重危害。

十六、日光温室西瓜"促、控、促"栽培技术

要重视平衡西瓜植株的营养生长与生殖生长的关系,做到既保障西瓜植株营养生长健壮,叶面积扩展速度快,又能及时坐瓜,

使营养输入中心及时转移到幼瓜上,促进膨瓜和提高品质,达到高产优质。

一是促,系指幼苗期在管理上要抓好促进生长发育的有关技术。由于西瓜苗期根系小、叶片少,营养体不发达,生长比较缓慢,为了抢时间使西瓜早坐瓜、早采收,力争能获取较高的季节差价,在管理上要实行"促"的措施,使其加快生长发育,促其快伸蔓、长大秧、早坐瓜。具体措施有以下 3 个:①在栽植的同时,要立即浇灌旱涝收(主要成分为腐殖酸)500 倍液+96%噁霉灵药 3 000 倍液,每株浇 200 毫升,促进根系发育,预防根部病害发生。栽后不要立即封穴,让阳光直晒穴内土壤,提高土温,以利于快发新根。封穴要在下午或第二天下午穴温提高后进行,并结合封穴,深锄、细锄瓜穴周围土壤,锄后覆盖地膜,以利于提高地温,促进根系发育。②当瓜秧长至 6~8 片叶时,及时浇灌催秧水,结合浇水追施催秧肥,每 667 平方米冲施腐熟粪稀 300~500 千克,促进瓜秧快速伸蔓,迅速增大叶面积。③及时用天达-2116(壮苗专用型)600 倍液+0.6%红糖液+0.2%尿素液喷洒秧苗 1~2 次,开花前 5~7 天、花后 7~10 天喷洒天达-2116 600 倍液,每 10~15 天喷 1 次,连续喷洒 2~3 次,提高植株的光合效率和适应恶劣环境的能力。

二是控,系指西瓜植株进入开花阶段后,须严格控制植株的营养生长。此阶段植株根系、叶片已经相当发达,营养生长已进入快速发展阶段,正处于营养生长与生殖生长的激烈竞争状态,此期又是肥料发挥最佳效应的时期,加之温室内空气湿度偏高、光照偏弱,瓜秧极容易旺长,如果不及时调整瓜秧长势,任其旺长,大量养分将被瓜秧的多个生长点夺取,势必引起化瓜、影响坐瓜。即使幼瓜坐住也表现生长缓慢。因此,在雌花开放时期必须采取"控"的措施,控制旺长,迫使营养运转中心向幼瓜转移,以保障坐瓜。其具体的管理方法有以下 3 个:①控制肥水,及时抹芽打杈,严格清除过多的生长点,以便排除竞争,保障坐瓜。②喷布助壮素(缩节胺)或多效唑。若瓜秧旺长,可在第二朵雌花开放前 2～3 天用 15% 多效唑 3 000 倍液或助壮素 1 000 倍药液喷布瓜秧(重点喷洒生长点),缓和瓜秧营养生长势,迫使营养输入中心及时转移到雌花上,以利于坐瓜。③搞好人工授粉。第二朵雌花开放时,应及时进行人工授粉,并力争在 3 天内全部授完,做到坐瓜整齐。授粉应于晴天上午 8～11 时前进行,阴天可推迟 1 小时进行。授粉时应采摘另一株瓜秧上刚散放花粉的雄花,去掉花冠后轻蘸雌花柱头 2～3 次,把较多的花粉涂抹在柱头上。一朵雄花只授一朵雌花,以保障坐瓜和防止出现畸形瓜。若瓜秧生长势偏旺,在授粉的同时将授粉雌花前第三叶节处的瓜蔓轻轻捏伤,破坏其输导组织,减少有机营养向瓜头的输入,以利于坐瓜。也可用吡效隆 50 倍液喷布幼瓜,或用吡效隆 10 倍液,涂抹瓜柄,以促进坐瓜。但是,用吡效隆处理过的幼瓜成熟后瓜皮较厚,因此,只要瓜秧不旺长,一般不宜采用。

三还是促,系指幼瓜坐稳后,长到如鸡蛋大小时改控为促。加强肥水管理。具体方法有以下 4 个:①在幼瓜长至鸭蛋大小时,及时浇水促进幼瓜膨大,浇水要连续进行,每 5～7 天浇 1 次,连浇 3～4 次,直至头茬瓜采收前 7 天左右停止浇水。②结合浇水追施膨瓜肥,每 667 平方米追施腐熟粪稀 300 千克或硫酸钾复合肥 25～30 千克＋生物菌肥 50 千克。10～15 天后,可再次追肥,每 667 平方米追施硫酸钾复合肥 10～20 千克＋腐熟粪稀 200 千克。每次追肥须浇透水。采收后可追施第三次肥料,每 667 平方米追施硫酸钾复合肥 10～20 千克＋生物菌肥 20～30 千克,以促进二茬瓜生长。③根外喷施 0.4%～0.5% 磷酸二氢钾溶液,或天达-2116 600 倍液,或光合微肥 1 000 倍液,可弥补温室光照不足的缺点,促进西瓜含糖量的提高。从坐瓜开始就交替喷洒以上肥液,每 5～7 天喷 1 次,连续喷 3～5 次,可使西瓜含糖量提高 2% 以上,并可提高品质和产量。④增施二氧化碳气肥,使室内空气中二氧化碳的含量达到 1 000 毫升/米³ 左右,以增强叶片的光合效率,增加有机营养的积累,从而大幅度地提高西瓜品质与产量。

十七、方形西瓜生产技术

(一)品种选择

选择外形美观亮丽、果型较小的圆形品种。

(二)栽培方法

方形无籽西瓜生产适用日光温室吊蔓、露地搭架和地爬等各种生产方式。多采用地爬式嫁接稀植,不整枝,不打杈,可结瓜4~5个,每 667 平方米栽 200 株,定向打顶栽培收 3 000 千克左右。每棵保留枝蔓 20～30 条,瓜蔓总长度 100～150 米,叶片数 1 000～1 500 片。每棵授粉坐瓜 7～8 个,选瓜 4～5 个。注意翻瓜、竖瓜,以保持瓜形圆正,受光均匀,避免出现歪瓜、黄脐。

(三)制作模具

制作方形模具要求采用透光、通气、耐张力的材料。最常用的材料有 3 种:一是由玻璃厂按规格大小直接注塑成形,西瓜成熟后用玻璃刀破模具取瓜;二是采用透光性良好的有机玻璃,按规格大小定制,用螺栓固定,可反复多年使用;三是用角钢与玻璃结构,用螺栓固定成形,这种模具拆装方便,成本低,可供多年使用,容易推广。一般规格为 15～25 厘米见方。

(四)选瓜装模

一次成形的玻璃模具在西瓜授粉后即可装模,后两种模具等西瓜长到接近模具内壁大小时再装入,一定要选择植株健壮,长势旺盛,无病虫害,节位适中,瓜形圆正,色泽均匀的西瓜。最佳装模期选在授粉 15 天后的膨大期为好。根据品种、生产季节、西瓜长势、节位和瓜胎长相,选择合适的模具规格装入,每棵装 3 个左右。装模时要轻拿轻放,消除泥土沙粒,不可触摸瓜柄茸毛,把瓜柄嵌入模具中,使瓜柄和瓜脐垂直,扣上角铁方框,上紧螺栓。在瓜的节位处做一个小平台,将装模后的瓜放在平台上。对吊蔓搭架的西瓜,装模后可用细铁丝将模具吊起来。

(五)管理和采收

装模后要每隔 5 天左右翻 1 次,使其均匀受光。在此期间要特别加强肥水管理和病虫害防治工作。要严格按照无公害农产品生产操作规程进行管理,禁止使用残留超标的农药和化肥。这样生产出来的产品不仅外观亮丽,而且品质上乘,属于绿色环保农产品。一般在装模 15~20 天成熟,采收时留 3~5 茎节剪断,要轻拿轻放。在桌上铺上毛毯,轻轻打开模具,由专人带上手套取出方形瓜摆在阴凉处分级包装。

第八章　日光温室西瓜病虫害防治技术

一、侵染性病害

(一)西瓜猝倒病

【症　状】　幼苗被害后,茎基部出现水浸状(像开水烫过一样)病斑,随即很快变成黄褐色,同时病部缢缩呈线状,病情迅速发展,幼苗折倒,故称猝倒病。有的幼苗倒后子叶并未萎蔫。该病发生严重时,苗尚未出土即已烂种烂芽。开始时是个别苗发病,形成发病中心,向邻近的植株蔓延,引起成片幼苗猝倒。在高温高湿条件下,病残体表面及附近土壤上长出一层白色棉絮状物,即病菌菌丝体。果实受害,多发生在下部果实贴近地面的脐部或受伤部位。其症状也是先产生水渍状病斑,然后迅速变黄、变褐,最后全果腐烂,其表面也密布白色的棉絮状霉层。

【发病规律】　病原菌腐生性很强,可在土中长期存活,以卵孢子在土壤中越冬和度过环境条件不良时期,在条件适宜时萌发。病菌也能以菌丝体在病残体和腐殖质上营腐生生活,产生孢子囊和游动孢子,侵染幼苗引起猝倒病。孢子囊形成需要高湿,适温为20℃。病菌生长适温为29℃～31℃。病菌可借灌溉水的流动传播。此外,带菌的堆肥和农具等均可传播病害。

【防治方法】　防治苗期猝倒病,主要是加强栽培管理,控制发病条件,提高幼苗抗病力。其具体防治方法有以下4个:①床土消毒。床土应选用无病新土,如用旧园土须进行苗床土壤消毒。每平方米苗床施用50%拌种双粉剂7克,或25%甲霜灵可湿性粉剂

9克＋80％代森锰锌可湿性粉剂1克对细土4～5千克拌匀。施药前先把苗床底水打好，且一次浇透，待水渗下后，取1/3药土撒在畦面上；播种后再把其余2/3药土覆盖在种子上面。如覆土厚度不够，可补充其他净土达到适宜厚度。由于种子处在药土中间，防效明显，残效期可达1个月左右。也可用50％多菌灵可湿性粉剂处理土壤，方法同上。播前施用康坦农用微生物菌剂也可。②播前对蔬菜种子进行消毒，用50℃～55℃温水浸种10～15分钟，或用50％福美双可湿性粉剂，或65％代森锌可湿性粉剂，或40％拌种双拌种，用药量为种子重量的0.3％～0.4％。③加强苗床管理。播前一次灌足底水，出苗后尽量不浇水，必须浇水时一定要选晴天喷洒，不宜大水漫灌。及时通风降湿，即使在阴天也要适时适量通风排湿，严防幼苗徒长和染病。苗床要做好保温工作，白天床温不能低于20℃，阴天低温时，可松土提温降湿。连阴天转晴后，要加强通风。④药剂防治。苗床出现少数病苗时，要立即拔除病株。若床土潮湿，应撒施少量细干土或草木灰降低湿度。若床土较干，则可喷洒75％百菌清可湿性粉剂800～1000倍液，或50％福美双可湿性粉剂500倍液，或65％代森锌可湿性粉剂600倍液，或64％噁霜灵•锰锌可湿性粉剂500倍液，或72.2％霜霉威水剂400倍液，或15％噁霉灵水剂450倍液，每隔5～7天喷1次，连续喷2～3次。

（二）西瓜霜霉病

【症　状】　幼苗期子叶感病时，在子叶正面产生不规则形的褪绿枯黄斑，潮湿时叶背产生灰黑色霉层。病情进一步发展时，子叶很快变黄干枯。成株期发病，叶片上出现浅绿色水浸状斑点，扩大后受叶脉限制，病斑呈多角形，黄绿色，后为淡褐色，后期病斑汇合成片，全叶干枯卷缩，潮湿条件下病斑背面长成灰黑色霉层。病叶由下向上发展，严重时全株叶片枯死。抗病品种叶片上的病斑小而且少,叶背上也很少长霉。若霉层不明显时,可采摘病叶保湿24 小时后观察,可见到长出的霉层。

【发病规律】 霜霉病终年不断,年年发生。病菌以无性繁殖的孢子囊在各茬西瓜上传播。西瓜霜霉病的发生与温、湿度关系密切,孢子囊在 5℃～30℃均可萌发,萌发适温为 15℃～20℃,空气相对湿度要求在 83%以上。如果空气相对湿度在 60%以下时,孢子囊不能形成。其侵入温度为 10℃～25℃,最适侵入温度为16℃～24℃。低于 15℃或高于 30℃,对病害发生不利。霜霉病菌的萌发和侵入要求叶面上有水流或水膜存在,否则不能侵入。

【防治方法】 ①生态防治。利用西瓜与霜霉病菌的生长发育对环境条件的要求不同,采取适合西瓜生长而不利于病菌发育的措施来防治病害。白天上午,把温室温度控制在 28℃～32℃,最高温度为 35℃,空气相对湿度 60%～70%。这样的温、湿度不利于病菌的萌发和侵入。其具体做法是:日出后充分利用晨光闭棚增温,晴天日出后每小时升温 6℃～7℃,降湿 20%左右。温室温度超过 28℃时开始通风,超过 32℃时要加大通风量,温度最高不能超过 35℃。下午大通风,把温室温度降到 20℃～25℃,空气相对湿度降到 60%左右。此时虽然温度适合于病菌的萌发,但 60%的湿度却可抑制病菌的萌发和侵入。夜间温度逐渐下降,空气相对湿度逐渐上升,空气相对湿度达到 85%～90%时叶缘开始出现水滴,空气相对湿度超过 95%时叶片上形成水膜,此时要将温度控制在 13℃以下,才能控制病害,或是降低湿度控制病害。浇水一定要在晴天进行,最好在早晨浇水,绝不可在阴天或雨天浇水。防止浇水过勤过多。浇水后要马上关闭温室门窗,把温室内的气温提高到 32℃,并持续 1 小时,然后大开门窗通风排湿。经过 3～4 小时后,如温室温度低于 25℃,再关闭门窗将温度提到 32℃,持续 1 小时后再大通风。这样做,可减少当天晚间叶面形成水膜面积的 2/3。②点烧法。用气体打火机点烧植株病斑,可收到良好的防治效果。采用该方法,一是要经常仔细观察,发现针尖般大小的病斑立即用火烧,特别是在温室内畦垄较低处、滴水处等湿度大的地方往往最先发病;二是点燃时,把病斑叶片放平,在叶片下方用火焰尖对准病斑烧1~2秒钟即可。以后点烧处只留1个小白点,不影响叶片其他部分生长。点烧后,全温室喷药预防,能明显抑制霜霉病的流行。③化学防治。一是熏烟:温室内发现霜霉病中心病株时,要及时用药保护。每667平方米温室可采用45%百菌清烟剂,200~250克,分成4~5份,按4~5个点均匀分布在温室内,于傍晚关闭温室用暗火点燃熏烟,翌日早晨通风,每隔7天熏1次,视病情轻重可连续熏3~6次。二是喷雾:发病初期喷洒58%甲霜灵·锰锌500倍液,或25%甲霜灵与65%代森锌按1∶2混合后的500倍液,或72%霜脲·锰锌可湿性粉剂500倍液,或烯酰吗啉·锰锌1000倍液,每6天喷1次,连续喷3~4次。也可用15升水+普力克20毫克+尿素10克加白糖20克(调节碳氮比)喷雾。各种药剂应交替使用,喷雾要均匀、周到。三是喷粉:每667平方米温室用5%百菌清粉尘剂0.75~1千克进行喷粉,不仅成本低,操作方法简便,特别在冬季也不增加温室湿度。喷粉应在早晨或傍晚进行,喷粉时要关闭温室,喷后1小时即可通风。如果在早春或秋冬晚上喷粉,可第二天再通风。要视病情喷药,一般可喷5~6次,每隔8~10天喷1次。

(三)西瓜白粉病

【症　状】　该病主要侵染叶片,其次是茎和叶柄,一般不危害果实。发病初期,叶片正、反面出现白色小粉点,逐渐扩大呈圆形白色粉状斑,条件适宜时,白色粉状斑可向四周蔓延,连接成片,成为边缘不整齐的大片白粉斑区,并可以布满整个叶片,很像叶面上撒了一层白粉。以后变成灰白色,后期上面产生许多小黑点。叶片逐渐变黄,发脆,最后失去光合功能,但一般不落叶。白粉病菌侵染叶柄和嫩茎,症状与叶片相似,只是白色粉状斑较小,白粉状物也较少。植株从幼苗期即可受害,但以中后期发病为多。

【发病规律】 白粉病菌在低温干燥地区以闭囊壳随病残体在田间越冬,第二年春暖后产生子囊孢子引起初侵染。在温暖地区和温室内病菌主要以菌丝体及分生孢子在病株上越冬,借气流传播。病菌分生孢子寿命较短,在26℃时只能存活9小时,在30℃以上或-1℃以下很快失去活力。分生孢子萌发最适温度为20℃~25℃,超过30℃或低于14℃时对萌发不利。白粉菌对湿度的要求是越高越好,但对湿度的适应范围较大,即使空气相对湿度低到25%时也能萌发。但白粉菌孢子萌发并不要求水滴条件,水滴的存在易导致孢子膨胀破裂,对萌发反而不利。所以,一般说来相对干旱的条件下白粉病发生反而较重。这是因为干旱时不易因形成水滴而导致孢子破裂,还由于干旱降低了寄主表皮细胞的膨压,有利于白粉菌的侵染。白粉病发病适温为16℃~24℃,最适宜的空气相对湿度为75%左右。由于温室湿度大,空气不流通,适于白粉病发生,所以温室白粉病比露地西瓜发病早而重。

【防治方法】 ①温室等保护地定植前先用硫磺或百菌清烟剂熏蒸消毒。用硫磺粉熏蒸的方法是:每100立方米用硫磺粉0.24千克,锯末0.45千克,盛于花盆内,分放几处,于傍晚密闭温室点燃锯末熏蒸一夜。熏蒸时,温室内温度维持在20℃左右,效果较好。也可每667平方米用45%百菌清烟剂250克,分放4~5个点,点燃后温室密闭一夜。②生物防治。用2%农抗120或2%武夷菌素(BO-10)水剂200倍液,每7~10天喷1次,连喷2~3次。③物理防治。用27%高脂膜乳剂80~100倍液,于发病初期喷洒在叶片上,形成一层薄膜,不仅可以防止病菌侵入,还可造成缺氧条件使白粉菌死亡。该药剂每5~6天喷1次,连续喷3~4次。④小苏打防治法。在白粉病发病初期,用小苏打500倍液喷治,每3~4天喷1次,连喷3~4次。⑤喷雾。可用20%三唑酮乳油1 500～2 000倍液,或30% 氟菌唑可湿性粉剂1 500～2 000倍液,或75％百菌清可湿性粉剂600倍液,或50％多菌灵可湿性粉剂600倍液,或50％代森铵1 000倍液等喷雾。防治白粉病的技术要点是:早预防、午前防,喷雾周到大水量,成株期每667平方米喷药液不少于60千克,苗期可适当减少;各种药剂要交替使用,防止长期使用单一药剂,特别是多菌灵连续使用后容易产生抗药性。

(四)西瓜灰霉病

【症　状】　该病主要危害西瓜的花、瓜条、叶片和茎蔓。病原菌多从开败的雌花处侵入,致使花瓣腐烂,并长出淡灰褐色的霉层,进而向幼瓜扩展,致脐部呈水渍状,幼瓜迅速变软萎缩而后腐烂,表面密生霉层。较大的瓜条被害时,染病组织先变黄并生有灰霉,后霉层变为淡灰色,被害瓜条受害部位停止生长,瓜条腐烂,轻者烂去瓜头,重者全瓜腐烂,或脱落。叶片一般多由脱落的染病烂花或染病卷须附着在叶片上而引起发病,叶片上的病斑较大,可形成直径为20～50毫米的大型病斑。病斑近圆形或不规则形,边缘明显,表面着生少量灰霉。烂花或烂瓜附着在茎上时,也可引起茎部腐烂,严重时可导致茎蔓折断,植株枯死。被害部位均可见到灰褐色的霉状物。

【发病规律】　病原菌以菌丝、分生孢子及菌核附着在病残体上或遗留在土壤中越冬,成为第二年的初侵染来源。病菌靠气流、水溅及农事操作传播蔓延。西瓜结瓜期是该病侵染和烂瓜的高峰期。病菌的发育适温为18℃～23℃,最高温度为30℃～32℃,最低4℃,空气相对湿度要求连续在90％以上。因此,当温室湿度大,结露时间长,通风不及时发病重。温室温度高于31℃时,病菌孢子萌发速度趋缓,产孢量明显下降,病情停止扩展。

【防治方法】　①生态防治。采用高畦覆地膜或滴灌栽培法,生长前期及发病后适当控制浇水,适时晚通风,把温室温度提高为33℃左右,病菌则不产生孢子;降低湿度,减少温室结露、叶面结露和叶缘吐水,则可控制病害发生。②加强温室管理。在苗期和果实膨大前一周及时摘除病叶、病花、病果以及老黄叶片,保证温室干净,通风透光。③温室发病初期采用烟雾法和粉尘法。每667平方米每次可用10%速克灵烟剂200～250克,或45%百菌清烟剂250克熏3～4小时。每667平方米也可于傍晚喷撒10%灭克粉尘剂,或5%百菌清粉尘剂,或10%杀霉灵粉尘剂,每次喷1千克,每隔9～11天喷1次,或与其他防治方法交替使用2～3次。④温室发病初期喷雾。可用50%腐霉利可湿性粉剂2 000倍液,或50%异菌脲可湿性粉剂1 000～1 500倍液,或65%抗霉威可湿性粉剂1 000～1 500倍液,或50%甲基硫菌灵可湿性粉剂500倍液,或50%多菌灵500倍液,或70%代森锰锌500倍液喷雾,每隔7～10天喷1次,连续喷2～3次,每次喷洒药液量不少于50～60千克。上述药剂的预防效果好于治疗效果,并要注意交替使用,以防产生抗药性。

(五)西瓜菌核病

【症　状】　该病在西瓜的各生育阶段都可发生,主要危害果实和茎蔓。苗期多发生于茎基部,先产生水浸状小病斑,扩大后可绕茎一周,形成环腐,引起倒伏。成株茎蔓中下部和主侧枝分杈处,约距地面5～100厘米的地方发病最多。病菌先侵染老叶和凋萎的花,进而向叶柄、瓜条蔓延。病部呈水浸状,黄褐色,逐渐腐烂,其上密生白色棉絮状菌丝体,菌丝体内包含有黑色鼠屎状菌核。菌核病的病部产生白色菌丝,这是与灰霉病产生灰色霉层状菌丝相区别之处。菌核病的病茎表皮软腐、纵裂,密生白菌丝,茎表皮和髓腔内均有菌核,病茎上部枯死。

【发病规律】　以菌核随病残组织在土壤中或混于种子中越

冬,翌年萌生子囊盘,伸出土表,产生子囊孢子。孢子借气流传播。孢子萌发后多从寄主下部衰老的叶片和花瓣侵入,使之腐烂、脱落。脱落的病叶、病花如果附着于茎、叶上,将引起再发病。菌核随种子调运远方,寿命长达 4～11 年或更长,但浸于水中 30 天即失去活力。菌核还可长出菌丝,直接侵染寄主近地面的茎叶。病株上的菌丝,新生菌核上形成的子囊盘产生的子囊孢子,或菌丝体均可进行扩大侵染,所以发病很快。子囊孢子较耐旱,在干旱条件下放置 6 天,仍有 30％的萌发率。菌核病对萌发条件要求不严格,即使其寄主体表无水膜,但只要空气相对湿度达 98％,子囊孢子也可萌发。菌丝不耐干燥,在湿土中的病残体上才能生长。土壤湿度大,空气相对湿度达 85％以上,气温为 5℃～30℃(尤其 20℃左右时)病菌生长快,发病重。空气相对湿度低于 65％时,停止发病。

【防治方法】 ①种子用 50℃温水浸 10 分钟,或用 10％盐水漂浮冲洗 2～3 次,灭除菌核后催芽播种。②实行轮作,特别是与水生作物轮作效果更好。也可于夏季放水泡田 30 天,消灭土壤中的菌核病菌。若需与寄主作物连茬种植,前作收获后应清除病残组织,深翻地,埋没菌核,阻止子囊盘长出地面。也可在定植前每 667 平方米用 50％多菌灵粉剂 1～2 千克,加细土 15 千克拌匀,撒施后耙入土中。③加强管理。定植后盖地膜,提高土温,降低空气湿度,抑制菌核萌发,并将子囊盘压于膜下,防止子囊孢子向外喷释。及时摘除老叶、病叶。膜下浇水,适当延长浇水时间。上午闷棚增温,下午通风排湿,减少棚膜及植体表面结露,控制病害发展。④当地面发现子囊盘时,尽快用 50％多菌灵可湿性粉剂 500 倍液,或 70％甲基硫菌灵 800～1 000 倍液,或 50％腐霉利 1 500～2 000倍液,或 50％乙烯菌核利 1 000 倍液喷洒,每 7～10 天喷 1次,连喷 3～4 次。也可每 667 平方米用 10％腐霉利烟雾剂或45％百菌清烟雾剂 0.3 千克熏烟,每隔 8～10 天熏杀 1 次,连熏

2～4次。或每667平方米用5％百菌清粉尘1千克喷撒。

(六)西瓜炭疽病

【症　状】 该病危害西瓜子叶、叶片、叶柄、茎和瓜。幼苗受害后,子叶边缘出现褐色半圆形或圆形病斑,稍凹陷。幼茎基部变色,缢缩,引起倒伏。成株期叶部病斑近圆形,大小不等。初为水浸状,很快干枯,呈红褐色,边缘有黄色晕圈。病斑相互连接,形成不规则的大病斑。病斑上轮生黑色小点,潮湿时生粉红色黏稠状物质,干燥时开裂穿孔。茎和叶柄上病斑灰白色至深褐色,稍凹陷,表面常有粉红色小点。茎叶被病斑环绕危害后叶片萎蔫下垂,植株枯死。未成熟瓜不易受害,老瓜特别是留种瓜易染病。瓜上病斑圆形,淡绿色,凹陷,后期褐色至黑褐色,表面有粉红色黏稠物。

【发病规律】 该病以菌丝体附着在种子上,或随病残组织在土壤中越冬。高温、高湿易发病。空气相对湿度达87％～95％时病菌潜育期仅为3天;空气相对湿度低于54％时不发病。温度为10℃～30℃可发病,其中以22℃～24℃时发病最重。30℃以上,8℃以下停止发病。孢子萌发的适温为22℃～27℃,低于4℃时不萌发。通风不良,氮肥偏多,浇水过量,重茬,发病重。

【防治方法】 ①将西瓜种子用55℃温水浸泡15～20分钟,或用福尔马林150倍液浸种1小时后捞出用清水冲净,进行催芽播种。②加强通风,降低湿度,使温室空气相对湿度保持在70％以下,减少叶面结露和叶缘吐水。③实行3年以上轮作,清除病残组织。采用地膜覆盖以降低空气相对湿度。④发病初始及时用50％多菌灵500倍液,或50％甲基托布津500倍液,或70％代森锰锌400倍液,或50％炭疽福镁300～400倍液喷洒,每7天喷1次,连喷3～4次。也可用5％百菌清粉尘喷撒。

(七)西瓜枯萎病

【症　　状】　整个生长期均能发病,而以从开花、抽蔓至结瓜期发病最重。苗期发病,幼苗茎基部变为黄褐色,子叶萎蔫,后茎基部变褐而缢缩,可猝倒死亡。土壤潮湿时,根颈处产生白色茸毛状物。幼苗受害早时,未出土即已腐烂,或出土不久顶端呈现失水状,子叶萎蔫下垂。成株期发病时,多数病株均从开花结瓜期开始呈现症状。病株生长缓慢,下部叶片发黄,逐渐向上发展。病势发展缓慢时萎蔫不明显,或表现为中午萎蔫,夜间恢复,反复数日后,全株萎蔫枯死。有时一棵植株在开始时只有少数枝蔓萎垂,以后逐渐蔓延到全株,有时主蔓枯萎,而在茎基部节上可长出不定根,有时也表现半株受害,半株健全。病势急剧发展时,则茎叶突然自下而上全部萎蔫。病株后期茎基部表皮多纵裂,节部及节间出现黄褐色条斑,常流出松香状的胶质物;潮湿时,长出白色至粉红色霉层。染病植株茎基部和根部变为黄褐色并腐烂,极易从土中拔出。横切病茎,可见维管束呈褐色。

【发病规律】　土壤中病原菌数量的多少,是决定当年发病轻重的重要因素。因此重茬西瓜发病重,重茬次数越多,土壤中积累的菌量越大,发病越重。土壤湿度大,根部积水也有利于发病,高温也是有利的发病条件。一般气温为 24℃～27℃、地温为 24℃～30℃时病害发展较快。土壤偏酸时有利于枯萎病的发生。土壤线虫的数量多少与枯萎病发生也有关系,这是因为一方面线虫吸取根部营养降低了植物的抗病性,另一方面由于线虫危害造成许多伤口,也有利于枯萎病菌的侵入,因而发病严重。

【防治方法】　①嫁接换根防病。用南瓜作砧木、用西瓜作接穗进行嫁接换根。该方法不仅防效明显,同时由于南瓜根系发达,吸水吸肥能力强,所以还具有明显的增产效果。②采用无病种子,或对种子进行消毒。从无病田、无病株上采种。如果种子带菌,可进行种子消毒,用有效成分为 0.1%的多菌灵＋0.1%平平加渗透剂溶液,浸种 1～2 小时,或用 50%多菌灵可湿性粉剂 500 倍液浸泡种子 1 小时,或用福尔马林 150 倍液浸种 1.5 小时,而后用清水冲洗干净催芽播种。③无病土育苗。用新土或消毒的土壤作营养钵育苗,或用泥炭营养块育苗,可减少苗期病菌侵染。④土壤消毒。对苗床土壤进行消毒,每平方米用 50%多菌灵 8 克处理畦面,定植前每 667 平方米再用 50%多菌灵可湿性粉剂 2 千克混入细干土 30 千克,混匀后均匀地撒入定植穴内。⑤发病前或在发病初期用药剂灌根或喷雾。用 50%多菌灵可湿性粉剂 500 倍液,每株灌药 0.25 千克,每 5～7 天灌 1 次,连续灌 2～3 次。也可用 40%多菌灵胶悬剂 400 倍液,或 50%甲基硫菌灵可湿性粉剂 400 倍液,或 10%双效灵水剂 200～300 倍液灌根均有一定效果。⑥喷洒"瑞代合剂",其配方是:1 份瑞青霉加 2 份代森铵混拌均匀,对水 140 倍喷雾,效果也很好。注意喷雾要于傍晚进行,严禁在高温时喷药。该药具有预防和治疗作用,喷药 1～2 次基本可以控制住枯萎病。⑦利用茼蒿和西瓜插播法防止西瓜枯萎病。在移栽定植西瓜苗的同时,在瓜苗附近点种几粒茼蒿种子,让瓜苗和茼蒿同步生长,可防止西瓜枯萎病。等茼蒿苗长到 30 厘米时,还可用手掐下 20 厘米食用。如果是盖地膜西瓜,待茼蒿苗出土后,要及时将苗引出薄膜以外,以免地膜烤死苗。

(八)西瓜疫病

【症　状】　该病在西瓜的整个生育期中均可发生。西瓜的各个部位都可染上该病,尤其是幼茎和嫩尖受害最重。幼苗被害,嫩尖呈暗绿色水浸状软腐,枯死后形成秃尖。西瓜近地面茎基部发病,初呈暗绿色水浸状,病部缢缩,其上的叶片逐渐枯萎,最后造成全株枯死。叶片被害,产生暗绿色水渍状病斑,后扩展成近圆形的大病斑,天气潮湿时病斑扩展很快,常造成全叶腐烂。天气干燥时,病斑边缘为暗绿色,病斑中部为淡褐色,干枯后易脆裂。嫩枝和侧枝的节部发病较多,病部呈水浸状、暗绿色腐烂,并明显缢缩,节部以上枝叶则枯死,但维管束不变颜色,这是西瓜疫病与西瓜枯萎病的主要区别。西瓜瓜条被害,多从花蒂部发生,病部皱缩呈暗绿色软腐,表面长有灰白色稀疏霉状物,病瓜迅速腐烂并发出腥臭味。

【发病条件】 西瓜疫病病菌对温度的适应范围较大,在9℃～37℃的温度条件下均可生长发育,但最适温度为28℃～30℃。该病害发生的关键因素是湿度。由于温室内湿度较大,适宜于疫病发生。

【防治方法】 ①用南瓜嫁接换根,除防治枯萎病外,还可兼治疫霉病,特别是对防止茎基部发病更有效。②种子消毒。用福尔马林100倍液浸种30分钟,冲洗干净后进行催芽播种,或用相当于种子量0.3%的25%瑞毒霉拌种,或用霜疫灵300倍液浸种1小时,而后冲洗催芽播种,或用相当于种子量0.14%的50%福美双可湿性粉剂拌种,或用72.2%普力克水剂800倍液浸种半小时后催芽。③药剂防治。一旦发现病株,立即喷药防治。可用70%乙磷·锰锌可湿性粉剂500倍液喷洒或浇灌;或用72.2%霜霉威水剂600～700倍液,或用58%甲霜灵·锰锌可湿性粉剂500倍液灌根。发现发病中心要及时处理病叶、病株,并全面喷药保护,每7～10天防治1次,病情严重时每5天防治1次,连续喷洒或灌根3～4次。

(九)西瓜蔓枯病

【症　状】 该病主要危害主蔓、侧蔓和根茎部位,也危害叶和果实。瓜蔓开始发病时,在近节部呈淡黄色,并出现油浸状斑,稍凹陷。病斑椭圆形至梭形,病部龟裂,并分泌黄褐色胶状物,干燥后呈红褐色或黑色块状。生长后期病部逐渐干枯,凹陷,呈灰白色,表面散生黑色小点,即分生孢子器及子囊壳。叶片发病时病斑黑褐色,圆形,叶缘呈"V"字形,其上有不很明显的同心轮纹,叶缘老病斑上有小黑点,病叶干枯呈星状破裂。果实初期产生水渍状病斑,中央变褐色枯死斑,呈星状开裂,引起腐烂。蔓枯病与枯萎病的不同之处,是蔓枯病病势发展缓慢,维管束不变色。

【发病规律】　蔓枯病是由子囊菌侵染引起的病害。病菌以分生孢子器及子囊壳附着于被害部混入土中越冬,第二年散出孢子,由风、雨传播,通过伤口或叶缘水孔侵染。种子表面也可带菌。高温高湿环境最容易发病和流行,发病温度范围为5℃～35℃,适宜温度为20℃～24℃。如果氮肥用量过多,种植密度大,长势弱,通风不良,湿度偏高等,均易发病。

【防治方法】　①播前可采用温汤水浸种或药剂消毒法进行种子消毒。②栽培时创造比较干燥、通风透光的环境条件,施足基肥,增施磷、钾肥。③发病初期可用70%代森锰锌可湿性粉剂500倍液,或50%甲基硫菌灵可湿性粉剂600～800倍液,或75%百菌清可湿性粉剂600倍液,每隔5～7天喷1次,连续喷2～3次。对西瓜撒蔓上病斑还可用1：50倍甲基硫菌灵或异菌脲加井冈霉素调成糊状涂抹病部。

(十)西瓜花腐病

【症　状】　主要危害幼果脐部的残花,引起花腐,进一步扩展时还常引起残花附近的幼果发病,呈水渍状软腐,危害严重时致全果腐烂,湿度大时病部长出灰白色棉毛状物和灰白色至黑褐色霉状物,即病原菌的菌丝和孢囊梗及孢子囊。

【发生规律】　该病的发生规律尚未完全明确。初步观察以菌丝体及接合孢子随病残体在土壤中越冬,翌年春季条件适宜时产生孢子囊和孢囊孢子,借风雨传播,侵染西瓜、甜瓜等多种植物,引起花、果腐烂,在病花、病果表面产生大量孢子囊和孢囊孢子,对西瓜花和果实进行多次重复侵染,致该病在田间不断扩展。西瓜花期幼果期进入感病阶段,此期间遇高温多雨或雨后湿气滞留,常引起该病严重发生。

【防治方法】 开花前至幼果期开始喷洒 78％波·锰锌可湿性粉剂 500 倍液或 72％锰锌·霜脲可湿性粉剂 600 倍液,每 5～7 天喷 1 次,连喷 2～3 次。

(十一)西瓜绵腐病

【症　状】 苗期染病,引起猝倒,结瓜期主要危害果实。贴土面的西瓜先发病,病部初呈褐色水浸状,而后迅速变软,致使整个西瓜变褐软腐。湿度大时,病部长出白色棉毛,即病原菌苗丝体。本病也可导致死秧。

【发生规律】 病原为瓜果腐霉,属卵菌。以卵孢子在土壤中越冬,适宜条件下萌发,产生孢子囊和游动孢子,或直接长出芽管侵入寄主。以后在病残体上产生孢子囊及游动孢子,借雨水或灌溉水传播,侵害果实,最后又在病组织里形成卵孢子越冬。病菌主要分布在表土层内,雨后或湿度大时病菌迅速增加。土温低、高湿有利于发病。

【防治方法】 ①提倡施用酵素菌沤制的堆肥或腐熟有机肥。②采用高畦栽培,避免大水漫灌。③发病初期喷洒 12％松脂酸铜乳油 500 倍液或 78％波·锰锌可湿性粉剂 500 倍液,每隔 10 天左右喷 1 次,连续喷 2～3 次。

(十二)西瓜细菌性角斑病

【症　状】 该病主要危害叶片和果实,有时也侵染茎。叶片染病时病斑呈圆形或多角形,水浸状,灰白色至灰褐色,后期病斑中间变薄或脱落穿孔,病斑上常有菌液溢出。果实染病初现圆形或近圆形水浸状凹陷斑,绿褐色。有的几个病斑融合成大斑,变为褐色至黑褐色,发病轻的皮层腐烂或开裂,严重的内部组织腐烂,病菌侵入种子,致种子带菌。茎部染病,侵染点出现水浸状小点,沿茎沟纵向扩展,呈短条状,严重时纵向开裂呈水浸状腐烂,逐渐变褐干枯,表层残留白痕。

【病原和发病条件】　该病由假单胞菌所致。生长适温为24℃～28℃,最高39℃,最低4℃,48℃～50℃经10分钟致死。病原菌在种子内、外或随病残体在土壤中越冬,成为翌年初侵染源。病菌由叶片或果实伤口、自然孔口侵入,生产上如播种带菌种子,出苗后子叶发病,病菌在细胞间繁殖,西瓜病部溢出的菌脓借雨水、结露及叶缘吐水滴落、飞溅传播蔓延,进行多次重复侵染。发病温限为10℃～30℃,适温为24℃～28℃,空气相对湿度70％以上易发病。病斑大小与湿度相关,夜间饱和湿度持续6小时以上,叶片上病斑大且典型;湿度低于85％,或饱和湿度持续时间不足3小时,病斑小;昼夜温差大,结露重且持续时间长,发病重。在田间浇水后的第二天,叶背面出现大量水浸状病斑或菌脓。有时,只要有少量菌原即可引起该病发生和流行。

【防治方法】　①浸种杀菌。用50℃温水浸种20分钟,捞出晾干后催芽播种,还可用次氯酸钙300倍液浸种30～60分钟,或用福尔马林150倍液浸种90分钟,或用100万单位的硫酸链霉素500倍液浸种120分钟,冲洗干净后催芽播种。②用无病土育苗,与非瓜类作物实行2年以上轮作,加强田间管理,生长期及收获后及时清除病叶,焚烧或深埋。日光温室栽培遇有阴雨天气,夜间也应通风降湿,但不宜浇水。早晨浇水后要注意把棚温提高到30℃,维持90分钟左右,再通风降温排湿,然后再提温,避免湿度升高导致病害发生、蔓延。浇水时水走地膜下面,水渗下后地膜又紧贴地面,避免湿度增大。浇水最好在晴天上午进行,忌阴雨天浇水,要做到因时、因地、看苗情及对水分的需求确定浇水量和间隔天数。③实行预防性药剂防治。于发病初期或蔓延开始期喷洒

72%农用链霉素或新植霉素 4 000～5 000 倍液,或 47%春雷霉素·王铜可湿性粉剂 800～1 000 倍液,或 77%氢氧化铜可湿性微粒剂 400 倍液。霜霉病、细菌性角斑病混发时可喷洒 70%乙·锰可湿性粉剂 800 倍液,对兼治两病有效,每 667 平方米喷对好的药液 60～70 千克,采收前 5 天停止用药。

(十三)西瓜细菌性叶斑病

【症　状】　①叶片发病时呈水浸状圆形斑点,逐渐发展为边缘黄褐色小斑点,扩大变褐,沿叶脉向叶柄发病,最后多个病斑愈合成大型褐色病斑。病叶背面不易见菌脓,病斑不呈多角形,这是该病与细菌性角斑病的主要区别。②茎蔓发病为褐色病斑,接着病斑围茎扩大腐烂,茎蔓顶端出现枯萎,最后死亡。③幼果及未成熟果发病时果皮上出现数量不等的绿色水浸状斑点,果实成熟后发展为不规则的中央隆起木栓化病斑,病斑周围仍是绿色水浸状,直接影响果实外观,使果实失去商品价值。

【侵染途径】　①病原菌附着在种子上,待种子发芽时侵入茎、叶发病,也可以存留在残株上在土壤中越冬,翌年随水滴从茎、叶、气孔、水孔等处侵入植株内。②病原菌在植株体内繁殖后从病斑及气孔等处溢出,随水滴溅散,进行重复侵染。③在温度为25℃～28℃、湿度较大的条件下容易发病,高温干燥气候病害较轻。

【防治措施】　①播种前进行种子消毒,用 45%代森铵水剂 300 倍液浸种 15～20 分钟,将种子用水冲洗干净后再进行催芽播种。②定植前日光温室用氯化苦熏蒸剂进行消毒处理,尤其前茬是瓜类作物的日光温室,更需进行药剂熏蒸。③加强通风管理,降低温室内湿度,避免雨水冲溅,不给病菌提供生存和传播的环境。④发病初期可以喷 72%农用链霉素或新植霉素,浓度为 100～200 毫克/千克;也可喷施氯霉素,浓度为 50～100 毫克/千克,每隔5～7 天喷 1 次,连续喷 2～3 次。

(十四)西瓜细菌性果斑病

【症　状】　苗期和成株期均可发病,以西瓜成熟前 7～10 天和成熟时发病较重。西瓜感染此病后,子叶下侧最初出现水渍状褪绿斑点,子叶张开时病斑变为暗棕色,且沿主脉逐渐发展为黑褐色坏死斑。在西瓜生产中期,叶片病斑为暗棕色,略呈多角形,周围有黄色晕圈,对光透明,通常沿叶脉发展,严重时多个病斑串联一起。种子带菌的瓜苗在发病后 1～3 周即死亡。开花后 14～21 天的果实容易感染。

果实染病,初期果面上出现数个深绿色至暗绿色水渍状斑点,后迅速扩展成大型的不规则的橄榄色水浸状斑块,病斑边缘不规则,并不断扩展,7～10 天内便布满除接触地面部分的整个果面。早期形成的病斑老化后表皮变褐或龟裂,常溢出黏稠、透明的琥珀色菌脓,果实很快腐烂。

【发病规律】　病菌主要在种子和土壤表面的病残体上越冬,成为翌年的初侵染源。病菌在埋入土中的瓜皮上可存活 8 个月,在病残体上可存活 2 年。种子表面和种胚均可带菌,带菌种子是病害远距离传播的主要途径。带菌种子萌发后,病菌即侵染子叶,引起初侵染。病叶上产生的菌脓借风、雨、昆虫及灌溉水传播,从伤口或气孔侵入,形成多次再侵染。果实发病后病菌在病部大量繁殖,通过灌溉水向四周扩展进行多次重复侵染。高温、高湿的环境易发病。

【防治方法】　发病前可选用 33.5%喹啉铜悬浮剂 1 000 倍液,或 30%碱式硫酸铜悬浮剂 400～500 倍液。发病初期可选用 20%噻菌酮 600 倍液,或 20%叶枯唑 600 倍液,或 72%农用链霉素 4 000 倍液,或 47%春雷霉素·王铜可湿性粉剂 800 倍液,或链霉·土霉素 3 000～4 000 倍液喷洒,每 7 天喷 1 次,连续喷 2～3 次。

(十五)西瓜病毒病

【症　状】　病株幼叶呈现浅绿色和深绿色相间的花叶斑驳，植株矮小，叶片皱缩，并向叶背卷曲，茎和节间缩短，瓜上产生褐色斑驳，瓜畸形。

【传播途径】　西瓜病毒病主要由甜瓜花叶病毒和黄瓜花叶病毒引起。病毒在带毒蚜虫体内、种子表皮和某些宿根杂草上越冬，成为翌年的初侵染源。蚜虫和瓜叶虫是其传播媒介，农事活动的接触传播是蔓延的重要途径。

【防治方法】　①选用抗病品种。②采用无病种子和实行种子消毒。用无病地的无病株留种。用 55℃ 温水浸种 40 分钟，可消灭大部分病毒。③培育壮苗，适期定植。④加强管理。苗期少浇水，勤中耕，提高地温，促进发根早缓苗。施足基肥，注意氮、磷配合施用。采瓜后结合浇水进行追肥，防止早衰。在整枝、绑蔓和摘瓜时要按先健株，后病株的顺序进行。接触过病株的手，要用肥皂水洗净再操作。⑤治蚜防病。危害西瓜的病毒病有的由蚜虫传播，因此要及时治蚜防病。在蚜虫迁飞期对苗床喷药，并带药定植。常用药剂有 2.5% 溴氰菊酯乳油 10 000～20 000 倍液和 2.5% 联苯菊酯乳油 3 000 倍液。⑥施用生长刺激剂和病毒抑制剂，用 0.2%～0.4% 溴化钾溶液、0.2% 硝酸钙溶液、0.025% 硫酸镁溶液、20 毫克/千克增产灵溶液或低浓度的赤霉素溶液处理种子。出苗后喷洒 0.1% 氯化锌溶液、0.1% 硫酸锌溶液、0.1% 高锰酸钾溶液或 0.1% 尿素溶液，每 7 天喷 1 次，共喷 3 次，有一定的抑制作用。⑦可用吗啉胍·乙酸铜 500 倍液＋2～5 毫克/千克萘乙酸＋细胞分裂素 600 倍液＋0.1% 硫酸锌溶液＋2.85% 硝·萘乙酸水剂 1 000 倍液＋0.3%～0.4% 磷酸二氢钾溶液的混合液喷洒。

(十六)西瓜根结线虫病

【症　状】　线虫寄生在植物的侧根或须根上,形成根结,开始如针头般大小,以后增生膨大,多个根结相连呈节结状、鸡爪状或串珠状,表面粗糙,呈白色至黄白色根结,易腐烂。被寄生的根发育不良,短而少,须根如发丝状,植株矮小黄瘦,影响结实,果实小,品质差,严重者叶落蔓枯,最后枯死。西瓜出苗5～7天,在根上就可形成白色的圆形根结。若根结密度过大,加之苗期缺水,则可导致幼苗急性死亡。

【发生规律】　根结线虫属于低等动物,虫体长0.2～2毫米,以幼虫或卵在田间秸秆、杂草等病残体上或深20厘米的土层内越冬,以地表10厘米内的数量为最多。线虫主要靠病土、病苗、流水传播,为土传病害。由根尖侵入,在根内取食发育,其分泌物刺激附细胞增生、增大形成"根瘤"。一般在砂壤土土壤温度为15℃～25℃、土壤湿为65%～80%的条件下,适宜根结线虫生长发育,在土壤温度达40℃,持续10～15分钟的条件下死亡。

【防治方法】　起垄前,可用1.8%阿维菌素乳油450～500毫升拌20～25千克细沙土,均匀地撒施于地表,结合整地进行;施用药土的时间越早,效果越好。该药剂为生物性农药,存放、施用均需避光,拌匀后立即撒施并整地,防治效果达99%以上,为首选农药。也可在整地后定植时穴施10%噻唑磷颗粒剂,每667平方米施5千克,也有较好防治效果。在此基础上,如果仍有病株,可用1.5%菌线威(主要成分为二硫氰基甲烷)500倍液或80%敌百虫800倍液灌根,每株灌0.5～1千克,一般灌1次即可治愈。

二、虫　害

（一）美洲斑潜蝇

【为害症状】　该害虫的成虫、幼虫均可为害。雌成虫在飞翔过程中将植物叶片刺伤，取食并产卵，叶片上布满约 0.5 毫米的半透明的斑点，成虫有选择高处产卵的习性，以新生叶片为多。幼虫潜入叶片和叶柄为害，形成不规则的蛇形白色虫道，幼虫排泄的黑色虫粪交替地排在虫道两侧，虫道的长度和宽度随幼虫生长而增大，终端明显变宽。

【防治方法】　①强化检疫监管，控制传播蔓延。严格检疫，防止该虫扩大蔓延。蔬菜发现有斑潜蝇幼虫、卵或蛹时，要禁止外运。②农业防治。将斑潜蝇喜食的瓜类、豆类与其不为害的蔬菜进行轮作，或与苦瓜、芫荽等有异味的蔬菜间作；适当稀植，增加田间通透性；及时清洁温室，把被斑潜蝇为害的作物残体集中深埋、沤肥或烧毁。种植前深翻土壤，使掉在土壤表层的卵粒不能羽化。③物理防治。在成虫始盛期至盛末期，用黄板或灭蝇纸诱杀成虫，每 667 平方米设 15 个诱杀点，每个点放一张灭蝇纸。④生物防治。保护和利用斑潜蝇寄生蜂，如姬小蜂、潜蝇茧蜂等对斑潜蝇寄生率较高，不施药时，其寄生率可达 60％；施用昆虫生长调节剂 5％抑太保 2000 倍液或 5％卡死克乳油 2000 倍液，对潜蝇科成虫具有不孕作用，用药后成虫产的卵孵化率低，孵出的幼虫死亡。防治时间掌握在成虫羽化高峰的 8～12 小时，效果更好。此外，植物性杀虫剂绿浪 2 号、1％苦参素、苦瓜籽浸泡液、烟碱水等对美洲斑潜蝇的防效也很高。⑤药剂防治。当受害作物叶片有幼虫 5 头时，掌握在幼虫类 2 龄前喷洒 1.8％阿维菌素乳油 3 000～4 000 倍液，或 48％毒死蜱乳油 800～1 000 倍液，或 5％蝇蛆净粉剂 2 000

倍液,每 7～10 天喷 1 次,连喷 2～3 次。

(二)蚜　虫

【为害症状】　成虫和若虫均用口针吸取汁液为害。当嫩叶和生长点被害后,由于叶背被刺伤,生长缓慢,叶片卷缩,严重时卷曲成团,生长停止,甚至萎缩死亡。瓜蚜还排泄蜜露,既阻碍西瓜正常生长,又招致病菌寄生,在叶片上造成一层煤污斑。

【防治方法】　①农业防治。防治瓜蚜不仅是为了防止瓜蚜的直接为害,还有防止发生病毒病的作用。育苗或定植前,用敌敌畏熏蒸日光温室,可减少蚜源。日光温室张挂反光幕,既有利于增加光照强度,提高地温和气温,又有避蚜作用。②物理防治。利用蚜虫趋黄的特性,将条形(约 100 厘米×20 厘米)黄色纸板涂 10 号机油后挂于行间略高于植株处,以诱杀成虫。每 667 平方米挂30～40 块,当纸板上粘满害虫时,再涂上一层机油,一般每 7～10天涂 1 次。黄板(卡)可兼治美洲斑潜蝇、白粉虱等。还可利用蚜虫对银灰色的负趋向性,在有蚜虫的地方挂银灰塑料条或覆盖银灰膜驱蚜。③生物防治。瓜蚜发生初期,释放瓢虫、食蚜瘿蚊、中华草蛉等天敌捕食瓜蚜。或按每平方米温室放烟蚜茧蜂寄生的僵蚜 12 头,开始见蚜虫时放僵蚜,每 4 天放 1 次,共放 7 次,放蜂一个半月内西瓜有蚜率在 0%～4%之间,有效控制期为 42 天。④药剂防治。发现点片瓜蚜时,可用 48%毒死蜱乳油加水 5 倍涂瓜蔓,挑治"中心蚜株",能有效地控制瓜蚜的扩散。当瓜蚜普遍严重发生时,用敌敌畏毒土熏杀,每 667 平方米用 80%敌敌畏乳油100～150 毫升加细土 10～15 千克作载体,拌匀后撒施于叶下;可选用 10%氯氰菊酯乳油 800～1 000 倍液,或 20%甲氰菊酯乳油2 000 倍液,或 2.5%功夫乳油 4 000 倍液或 2.5%联苯菊酯乳油3 000 倍液喷雾,连续喷 2～3 次,直到完全消灭为止。

(三)白粉虱

【为害症状】 以成虫和幼虫群集在叶背吸食汁液,使叶片退绿变黄,萎蔫甚至枯死。成虫和幼虫还能排出大量蜜露,引起煤污病的发生,污染叶片和果实,影响呼吸和同化作用,降低产品质量。此外,白粉虱还可传播病毒病。

【防治方法】 ①物理防治。可采用黄板诱杀(具体方法同防治瓜蚜)或结合防治霜霉病进行高温闷杀。②生物防治。保护地果菜上初见白粉虱成虫时,释放丽蚜小蜂成虫3～5头/株,每隔10天放1次,共放蜂3～4次。丽蚜小蜂主要产卵在白粉虱的幼虫和蛹体内,使之8～9天后变黑死亡。或人工释放中华草蛉,1头草蛉一生平均捕食白粉虱172.6头,可有效地控制白粉虱发生;或喷洒赤座霉菌菌液,当日光温室温度为25℃～26℃、空气相对湿度达90%时,赤座霉菌对白粉虱的寄生率可达80%～90%。③药剂防治。在白粉虱发生早期和密度较低时喷药,可用25%扑虱灵可湿性粉剂1 000～1 500倍液,或10%吡虫啉可湿性粉剂1 000～1 500倍液,或1.8%阿维菌素乳油2 000～3 000倍液,注意轮换用药,延长杀虫剂使用年限和延缓抗性产生;当白粉虱发生较重时,每667平方米用22%敌敌畏烟剂0.5千克,于傍晚收工前将温室密闭熏蒸,杀灭成虫;每667平方米用5%灭蚜粉尘剂1 000克喷粉,对白粉虱有一定的防效。

(四)蓟 马

【为害症状】 成虫、若虫锉吸瓜类植株的心叶、嫩芽、幼果的汁液,使被害植株嫩芽、嫩叶卷缩,心叶不能张开。瓜类植株生长点被害后,常失去光泽,皱缩变黑,不能再抽蔓,甚至死苗。幼瓜受害出现畸形,表面常留有黑褐色疙瘩,瓜形萎缩,严重时造成落果。成瓜受害后,瓜皮粗糙有斑痕,极少茸毛,或带有褐色波纹,或整个瓜皮布满"锈皮",呈畸形。

【防治方法】　在蓟马发生期,每株有虫3～5头时进行喷药防治,用50%辛硫磷乳油1 000倍液、10%吡虫啉可湿性粉剂1 500倍液,也可使用菊酯类农药等,在清晨露水未干时喷药,最好在6天内连施两次药剂。蓟马具有趋花性,因而花前用药效果最好,若等到大量开花期再用药,蓟马躲在花里面,防治效果差。从开花前开始用药防治,同时蓟马还具有昼伏夜出的习性,如果在白天上午用药,效果差,因此应在下午或傍晚喷药。为求杀虫彻底,在喷药时应加大用药量,不仅要喷洒植株,还要喷地面,且要喷严喷透。

(五)瓜绢螟

【为害症状】　瓜绢螟以幼虫为害瓜类作物的嫩头和幼瓜,也可为害叶片,发生严重时可吃光叶片,仅剩叶脉。初孵幼虫多集中在叶背取食叶肉。3龄后吐丝缀合叶片或侵入嫩头为害。严重发生时,常为害花、幼瓜或潜入瓜藤。幼虫性活泼,遇惊即吐丝下垂转移他处继续为害。

【防治方法】　①农业防治。瓜田收后将枯藤落叶收集集中处理,清洁温室,压低虫口基数。在幼虫发生期,人工摘除卷叶,捏杀幼虫。②药剂防治。应掌握在卵孵盛期施药,并注意将药液喷洒到叶背或嫩头上。可用1.8%阿维菌素乳油3 000倍液,或40%阿维·敌畏乳油800倍液,或50%辛硫磷乳油1 000倍液喷洒。

(六)黄守瓜

【为害症状】　该虫的成虫和幼虫均能为害西瓜植株,幼虫在土里专门为害作物根部;成虫食性较杂,吃食叶片、嫩茎和花器,严重时可使全株死亡。

【防治方法】　在成虫产卵盛期,可单用或混用草木灰、石灰粉、秕糠、锯末等撒在瓜根附近土面和瓜苗叶片上,防止成虫产卵和为害。在幼苗移栽前后，于成虫盛发期喷 90％敌百虫 1 000 倍液 2～3 次。幼虫为害时，用 90％敌百虫 1 500 倍液或烟草水 30 倍液灌根。

(七)斜纹夜蛾

【为害症状】 以幼虫咬食叶、花和果实，大发生时它能将全部植株吃成光秆以至无收。幼龄幼虫群集在卵块附近将叶片食成筛网状，3 龄以后分散为害；有假死性，并对阳光敏感，晴天躲在阴暗处或土缝里，夜晚、早晨出来为害。老熟幼虫入土化蛹。

【防治方法】 在各代盛卵期，发现卵块和新筛网状被害叶，随手摘杀并集中喷药围歼。在幼虫低龄时期，每 667 平方米用 90％敌百虫 50 克，或 80％敌敌畏 40 克，或 20％杀灭菊酯乳油 15 克，加水 60 升喷雾，特别是在黄昏或清晨用药，效果更好。可利用蜘蛛、大蟾蜍或赤眼蜂等自然天敌控制该虫为害。

(八)蝼 蛄

【为害症状】 成、幼虫均可为害。成虫取食叶片，有时花及果实也能受害。幼虫食性杂，主要为害地下根系及根茎部，造成缺苗断垄。植株的伤口有利于病菌侵入诱发病害。

【防治方法】 ①农业防治。施用充分腐熟的有机肥料；适时秋耕，可将部分幼虫翻至地表，人工捡拾或使其风干、冻死或被天敌捕食；灯光诱杀成虫。②药剂防治。一是灌根。可用 50％辛硫磷乳油或 90％敌百虫晶体 1 000 倍液灌根，每株灌药液 200 毫升。二是毒土。每 667 平方米用敌百虫晶体 100～150 克，对少量水稀释后拌细土 15～20 千克，均匀撒在播种沟（穴）内，再覆一层细土后播种。或每 667 平方米用 50％辛硫磷乳油 1 千克，开沟施入根际附近，并及时培土。三是拌种。50％辛硫磷乳剂、水、种子的比例为 1∶50∶600，拌后闷种 3～4 小时，其间翻动 1～2 次，种子干后即播种。四是喷雾。在成虫盛发期,喷洒90％敌百虫晶体1 000倍液或2.5％溴氰菊酯乳油3000倍液等。

(九)红 蜘 蛛

【为害症状】　该虫主要以成虫和若虫集中在瓜叶背面刺吸汁液。受害初期,叶面出现黄白色小斑点,以后变成红色斑点;为害严重时,叶片正背两面和茎蔓间均布满丝网,严重影响叶片的光合作用和植物的生理功能,叶片很快枯黄,后期植株枯死。如气温高、空气干燥,有利于红蜘蛛的发生和流行。红蜘蛛靠爬行、风吹、流水等方式传播蔓延。

【防治方法】　清除杂草及枯枝落叶,减少虫源。加强虫情检查,控制在点片发生阶段用1.8％阿维菌素乳油1 000倍液,或73％炔螨特乳油1 200倍液喷雾防治。

(十)茶 黄 螨

【为害症状】　成螨、幼螨集中在寄主幼嫩部位刺吸汁液,尤其是尚未展开的芽、叶和花器。被害叶片增厚僵直、变小或变窄,叶背呈黄褐色、油渍状,叶缘向下卷曲;幼茎变褐,丛生或秃尖;花蕾畸形;果实变褐色,粗糙,无光泽,出现裂果,植株矮缩。

由于茶黄螨虫体较小,肉眼一般难以发现,为害症状又和病毒病或生理病害症状有些相似,生产上应注意识别。病毒病发生在嫩叶,表现为小叶,叶皱缩;生理性病害引起落花、落果。但病毒病在干旱条件下发生,除了小叶外,多数病毒病在叶上会表现黄绿相间的斑驳;生理性病害如缺素症、日灼一般与高温干旱有关,而在高温、高湿的季节中就一定要注意茶黄螨。茶黄螨为害西瓜的显著特点是叶子叶背有油质光泽,发红发亮。

【防治方法】　①农业防治。压低越冬虫口基数,铲除田头地边杂草,清除枯枝落叶并集中烧毁。②药剂防治。在点片发生时,及时用 1.0％阿维菌素乳油 1 000 倍液,或 5％氟虫脲乳油1 200倍液喷洒,重点喷洒植株上部嫩叶背面、嫩茎、花器、生长点及幼果等部位,并注意交替轮换用药。茶黄螨主要集中于幼嫩叶的背面,所以喷施杀螨剂时要上喷下翻,注重喷幼嫩部位,翻过喷头向上喷叶背。

三、生理性病害

(一)西瓜生长点下裂口

【症　状】　在西瓜茎蔓顶部距生长点 6～8 厘米处,茎蔓横向开裂或穿孔,上部茎蔓变粗、变硬、变脆,生长点生长缓慢。裂口处开始时不变色,保持西瓜茎蔓的本色,并流出白色汁液,后裂口处变为黄褐色,汁液也变为黄褐色,最后导致部分茎蔓腐烂,但无腥臭味。

该病轻者影响西瓜正常生长,使西瓜花芽分化前开花、坐瓜节位提早,造成西瓜个小、产量下降;发病重者,植株顶部坏死。

【发生原因】　该病是一种高温障碍,属生理性病害。高温影响了硼元素的吸收,造成茎蔓顶部开裂。

【防治措施】　①降温。在加强通风的前提下,在棚膜表面喷洒泥浆水遮阳降温,防止发生高温障碍。②叶面喷施硼砂 600 倍液。③喷药防病。在发生裂口后可喷施链霉素 3 000 倍液加百菌清 700 倍液预防病菌侵染。在茎蔓发生腐烂后,可在刮去腐烂病茎的同时,涂抹细干土防病,并全温室喷施 50％ DT 500 倍液加25％咪鲜胺 2 500 倍液防止茎蔓腐烂。

(二)西瓜瓜梢缘发黑坏死

【症　状】　发病初期瓜梢轻微萎蔫,生长点下 5～10 厘米范围内出现分布不均的黑褐色小斑点,而后萎蔫加重,斑点连片,最后,该部位干缩坏死,表现为"无头"。除此之外,其根系(为南瓜砧木嫁接)主、侧根末端变褐,毛细根坏死。

【发生原因】　西瓜瓜梢发黑坏死属生理性病害,主要与肥害和高温有关。一是因施肥不均匀,使根系在下扎过程中发生烧根。二是在高温天气下,控温过高,导致高温障碍。

【防治措施】　①西瓜基肥最好全棚撒施,忌过于集中,并控制氮肥用量。②高温天气注意通风降温,必要时同时通顶风、边风,尽量保持棚温不要高于35℃。③灌甲壳素加生根剂养根促蔓,并结合喷施硼肥,防止该病危害加重。

(三)西瓜黄斑块

【症　状】　西瓜瓜肉中黄斑块是在西瓜果实的中心或着生种子的胎座部分,从顶部的脐部至底部果梗处出现白色或黄色带状纤维,并逐渐发展为粗筋,这种果实称为黄带果或粗筋果,瓜瓤中的黄斑块又称粗筋、纤维块。这种果实一般品质较差,商品性不高。

【发生原因】　粗筋部分主要是集中的维管束和纤维,是西瓜果实中养分和水分运输的通道,在正常果实膨大的前期,这些粗筋较为发达,随着果实的膨大和成熟逐渐消失。但有些果实进入成熟期后,部分粗筋残留下来形成了黄斑块。黄斑块的形成主要与土壤缺钙有关,同时高温、干旱、缺硼等不利因素也会影响钙的吸收和利用,这样即使土壤中含钙充足,瓜瓤中仍然会出现黄斑块。

【预防措施】　①合理施用氮肥,防止植株徒长,使植株营养生长和生殖生长相协调,保证果实可以得到充足的同化物质和水分。②深耕土层、增施有机肥料、地面覆草防止土壤干燥等,可以保证钙、硼等营养元素的正常吸收。③合理整枝、吊蔓,及时防治病虫害,尤其要保护好植株功能叶,以制造充足的营养供果实利用。

(四)西瓜缺氮症

【症　状】　西瓜对氮素反应敏感,缺氮时西瓜植株生长缓慢,茎叶细弱,下部叶片绿色褪淡,茎蔓新梢节间缩短,幼瓜生长缓慢,果实小,产量低。

【发生原因】　①土壤本身含氮量低。②种植前施用大量未腐熟的作物秸秆或有机肥,碳素多,其分解时夺取土壤中的氮素。③西瓜产量高,收获量大,从土壤中吸收的氮素多但追肥不及时。

【诊断要点】　①注意观察西瓜是从上部叶还是从下部叶开始黄化,如果从下部叶开始黄化则是缺氮。②注意茎的粗细,如果茎细一般是缺氮。③定植前施用未腐熟的作物秸秆或有机肥,在短时间内会引起缺氮。④下部叶叶缘急剧黄化则为缺钾,叶缘部分残留有绿色则为缺镁。叶螨为害呈斑点状失绿。

【补救措施】　每667平方米施用尿素10～15千克(一般苗期缺氮,每株施20克左右;伸蔓期缺氮,每667平方米施9～15千克;结瓜期缺氮,每667平方米施15千克左右)或每667平方米用人粪尿400～500千克对水浇施。

(五)西瓜缺磷症

【症　状】　磷可以促进西瓜根系生长,提高植株的抗逆性。缺磷时,西瓜根系发育差,植株细小,叶片背面呈紫色,花芽分化受到影响,开花迟,成熟慢,而且容易落花和“化瓜”,果肉中往往出现黄色纤维和硬块,甜度下降。

【发生原因】　①堆肥施用量小,或磷肥用量少易发生缺磷症。②地温常常影响对磷的吸收。如地温低,对磷的吸收就少。日光温室等保护地冬季或早春地温低,西瓜易发生缺磷。

【诊断要点】　注意症状出现的时期,由于温度低,即使土壤中磷素充足,也难以吸收到充足的磷素,因而易出现缺磷症。在生育初期,叶色为浓绿色,后期出现褐斑。

【补救措施】　①每 667 平方米用过磷酸钙 15～30 千克开沟追肥。②用 0.4％～0.5％过磷酸钙浸出液作叶面喷施。

(六)西瓜缺钾症

【症　状】　缺钾时,植株抗逆性降低,西瓜的产量和品质都明显下降,具体表现为植株生长缓慢,茎蔓细弱,叶面皱曲,老叶边缘变褐枯死,并渐渐地向内扩展,严重时还会向心叶发展,使之变为淡绿色,甚至叶缘也出现焦枯状;坐果率很低,已坐的瓜个头小,含糖量不高。

【发生原因】　①土壤中含钾量低,施用堆肥等有机质肥料和钾肥少,易出现缺钾症。②地温低、日照不足、过湿、施铵态氮肥过多等阻碍对钾的吸收。

【诊断要点】　①注意叶片发生症状的位置,如果是下部叶和中部叶出现症状,则可能是缺钾。②生育初期温度低,覆盖栽培发生气体障害时,有类似缺钾的症状,要注意二者的区别。如同样的症状出现在上部叶,则可能是缺钙。③如畸形果多(尖嘴瓜),则为缺钾症。

【补救措施】　一是每 667 平方米施硫酸钾 5～10 千克(苗期缺钾,每 667 平方米施 3～5 千克;伸蔓后缺钾,每 667 平方米施 8～10 千克)或开沟埋施草木灰 30～60 千克。二是用 0.4％～0.5％硫酸钾溶液作叶面喷施。

(七)西瓜缺钙症

【症　状】　西瓜缺钙时,叶缘黄化干枯,叶片向外侧卷曲,呈降落伞状,植株顶部一部分变褐而死,茎蔓停止生长。

【发生原因】　①氮多、钾多、土壤干燥等,会阻碍西瓜对钙的吸收。②空气湿度小,蒸发快,补水不足时也易发生缺钙。③土壤本身缺钙。

【诊断要点】 ①仔细观察生长点附近的叶片黄化状况,如果叶脉不黄化,呈花叶状,则可能是病毒病。②生长点附近萎缩,可能是缺硼。但缺硼突然出现萎缩症状的情况少,而且缺硼时叶片扭曲,根据这一点可以区分是缺钙还是缺硼。

【补救措施】 ①增施石膏粉或含钙肥料,如过磷酸钙等;②用 0.2%~0.4%氯化钙溶液作叶面喷施。

(八)西瓜缺镁症

【症 状】 西瓜缺镁时,叶片主脉附近的叶脉间首先黄化,然后逐渐地向上扩大,使整叶变黄。

【发生原因】 ①在低温条件下,镁在西瓜植株体内的移动速率降低,导致出现缺镁症。②土壤中磷、钾素过多,将阻碍西瓜对镁的吸收,尤其在日光温室栽培西瓜反应更明显。③土壤中铵态氮过剩时能使西瓜缺镁症加重。

【诊断要点】 ①西瓜生育初期至结瓜前,若发生缺绿症,缺镁的可能性不大。可能是与保护地里受到气体的障害有关。②缺镁的叶片不卷缩,如果叶片硬化、卷缩,则是其他原因引起。③仔细观察发生缺绿症叶片背面是否有螨害或病害。④缺镁症状与缺钾症状相似,其区别在于缺镁是从叶内侧失绿,缺钾是从叶缘开始失绿。

【补救措施】 ①每 667 平方米施 3.5~7 千克硼镁肥作底肥。②发现缺镁,及时用 0.1%硫酸镁溶液作叶面喷施。

(九)西瓜缺硼症

【症 状】 西瓜缺硼时,新蔓节间变短,蔓梢向上直立,新叶变小,叶面凸凹不平、有叶色不均匀的斑纹,有时会被误诊为病毒病,因缺乏对症治疗而造成减产。

【发生原因】　①酸性砂壤土一次施用过量的碱性肥料,易发生缺硼症状。②土壤干燥影响对硼的吸收,易发生缺硼。③土壤有机肥施用量少,在土壤碱性高的日光温室土壤也易发生缺硼。④施用钾肥过多会影响对硼的吸收,易发生缺硼。

【诊断要点】　①从发生症状的叶片的部位来确定,缺硼症状多发生在上部叶。②叶脉间不出现黄化。③植株生长点附近的叶片萎缩、枯死,其症状与缺钙相类似。但缺钙叶脉间黄化,而缺硼叶脉间不黄化。

【补救措施】　①整地时每667平方米施0.5～1千克硼砂(与适量氮、磷化肥混匀撒施)作基肥。②及时用0.1％～0.2％硼砂溶液喷施叶面。

(十)西瓜缺锌症

【症　状】　叶片小,老叶片除主脉外变为黄绿色或黄色,主脉仍呈深绿色,叶缘最后呈淡褐色。嫩叶生长不正常,芽呈丛生状。

【发生原因】　①光照过强易发生缺锌。②若吸收磷过多,植株即使吸收了锌,也表现缺锌症状。③土壤pH值高,即使土壤中有足够的锌,但其不溶解,也不能被作物所吸收利用。

【诊断要点】　①缺锌症与缺钾症类似,叶片黄化。缺钾是叶缘先呈黄化,渐渐向内发展,而缺锌则全叶黄化,渐渐向叶缘发展。二者的区别是黄化的先后顺序不同。②缺锌症状严重时,生长点附近节间短缩。

【补救措施】　不要过量施用磷肥。缺锌时可以施用硫酸锌,每667平方米施1.5千克。应急对策是用0.1％～0.2％硫酸锌水溶液喷洒叶面。

(十一)西瓜缺铁症

【症　状】　西瓜幼叶呈浅黄色并变小,严重时白化,芽生长停止,叶缘坏死并完全失绿。

【发生原因】 磷肥施用过量易发生缺铁;碱性土壤、或土壤中铜、锰过量,土壤过干、过湿、温度低,亦易发生缺铁。

【诊断要点】 ①缺铁的症状是出现黄化,叶缘正常,不停止生长发育。②调查土壤酸碱性。出现上述症状的植株根际土壤呈碱性,有可能是缺铁。③在干燥或多湿等条件下,根的功能下降,吸收铁的能力下降,就会出现缺铁症状。④仔细观察植株叶片是出现斑点状黄化还是全叶黄化,如果是全叶黄化则为缺铁症;如果是斑点状黄化或叶缘黄化,则可能是由于其他生理病害所致。

【补救措施】 ①尽量少用碱性肥料,防止土壤呈碱性,土壤pH 值应为 6～6.5。②注意土壤水分管理,防止土壤过干、过湿。③应急对策是用 0.1%～0.5%硫酸亚铁水溶液或 100 毫克/千克柠檬酸铁水溶液喷洒叶面。

(十二)西瓜缺锰症

【症　状】 西瓜缺锰时,嫩叶脉间黄化,主脉仍为绿色,进而发展到刚成熟的大叶黄化;种子发育不全,易形成畸形果。

【发生原因】 ①碱性土壤容易缺锰。检测土壤 pH 值,如出现症状的植株根际土壤呈碱性,有可能是缺锰。②土壤有机质含量低。③土壤盐类浓度过高。如肥料一次施用过量时,土壤盐类浓度过高,将影响植株对锰的吸收。

【诊断要点】 ①从发生症状的叶片的部位来确定,缺锰症状首先发生在幼叶上。②看顶芽是否已枯死,若易枯死,则可能缺钙或硼。③看幼叶是否萎蔫,若果幼叶萎蔫,可能缺铜。④幼叶不萎蔫,脉间失绿但叶脉仍绿,出现细小棕色斑点,则为缺锰。

【补救措施】 ①整地时,每 667 平方米施硫酸锰 1～4 千克作基肥。②育苗时,用 0.05%～0.1%硫酸锰溶液浸种 12 小时,或在 1 千克瓜种中拌入 4～6 克硫酸锰作种肥。③发现缺锰后,及时用 0.05％～0.1％硫酸锰溶液叶面喷施。

(十三)西瓜无花粉

【症　状】　西瓜雄花小,开放时花粉很少甚至没有,导致授粉困难,坐果率下降,畸形瓜增多,影响西瓜的产量和质量。

【发生原因】　①温度的影响。西瓜生长前期温度过低是导致花粉少的主要原因。西瓜喜温、怕寒,适宜生长的温度范围为15℃～35℃,如低于 10℃时西瓜植株易受寒害,影响花芽分化。如温室的保温性能较差,会出现低温冷害。一些菜农的西瓜甚至在定植时出现冻害,致使西瓜花芽分化不良。在西瓜定植时,有些大棚夜间温度甚至可能低于 5℃。早春西瓜一般在 3 月份开花授粉,此时温度仍较低,西瓜开花期间低温会直接导致花粉败育,造成雄花花粉少或无花粉。适合雌花授粉的雄花,多在第三至第五片真叶展开时发育,此时正是西瓜苗定植的时期。所以,定植前后的温度管理很重要。②光照的影响。开花前光照弱也容易影响花粉形成。西瓜是蔬菜中需光最强的种类,其光饱和点为 8 万勒克斯,光补偿点为 4 千勒克斯。在弱光照条件下,花粉发育不良;在连续阴天时,西瓜即使开花也没有花粉;而晴天西瓜花粉产生情况良好,这表明了光照弱对花粉形成的负面影响。③徒长、根系受伤等造成的营养供应不良容易引起花粉发育不良。从西瓜田间可以看到,徒长的植株开花小,花粉产生少,这主要是由于营养生长过旺,使得供应花芽生长的营养很少而引起的。如偏施氮肥、土壤过湿容易造成西瓜徒长。为防止西瓜徒长,西瓜开花前一般不浇水。若西瓜花期发生土壤过于干旱、根系受伤等情况,也会造成花粉发育不良。西瓜缺乏某些营养元素,尤其是中微量元素,也会引起花粉发育不良。如硼、钙等对花粉发育的影响很大,若缺乏,花粉发育将受到影响。

【解决措施】　①解决花粉少的问题,首先要从温室的实际情况入手,分析是何种原因导致了花粉的发育不良,从而有针对性地采取措施预防。通过合理浇水、施足基肥、提高早春温室内温度、开花前喷施全营养液面肥等日常管理措施,培育壮棵,创造适宜花粉发育的条件,才能从根本上解决花小、花粉少的问题。②解决西瓜徒长造成的花粉少的问题。一是合理搭配施肥比例。合理施肥是调控西瓜长势的重要手段。如果单一施用大量氮肥,植株极易徒长,不利于开花坐瓜及果实发育,西瓜不同生长期适宜的氮、磷、钾比例:幼苗期为 3.8:1:2.8,伸蔓期为 3.6:1:1.7,瓜生长盛期为 3.5:1:4.6。按照西瓜的需肥规律,西瓜施肥参考方案是:每 667 平方米基肥用量包括鸡粪 5~8 立方米、生物菌肥 100~120 千克、高钾复合肥 50 千克;坐瓜后,每 667 平方米可追施高钾冲施肥 20~30 千克加微生物冲施肥 40 千克。二是调控温度。西瓜适宜生长的温度范围为 15℃~35℃,低于 10℃时易受寒害,因此早春尽量提高温度。三是阴雨天或根系受伤时,及时补充营养。可在连续阴雨天后,及时喷施全营养叶面肥及 2.85% 硝·萘酸水剂(爱多收)6 000 倍液,以补充营养,促进光合作用进行。四是激素处理。如果西瓜开花期遇到阴雨天气,造成花粉败育而雌花发育良好时,可用 20~30 毫克/千克防落素溶液喷花,以促进坐果。

(十四)西瓜叶片背面呈紫色

【主要症状】 磷可以促进西瓜根系生长,提高植株的抗逆性。缺磷时,根系发育差,植株细小,叶片背面呈紫色,花芽分化受到影响,开花迟,成熟慢,而且容易落花和"化瓜",果肉中往往出现黄色纤维和硬块,甜度下降,种子不饱满。

【发生原因】 土壤本身缺磷;酸性土壤或偏酸性土壤,以及土壤过于紧实容易缺磷。

【防治措施】 ①每 667 平方米用过磷酸钙 15~30 千克开沟追施。②应急措施是用 0.4%~0.5% 过磷酸钙浸出液作叶面喷施。

(十五)西瓜畸形果

【主要症状】　出现尖嘴瓜、葫芦瓜(大肚瓜)、扁形瓜、偏头瓜等。具体地说,西瓜的花蒂部位变细,果梗部位膨胀,常称尖嘴瓜;西瓜的顶部接近花蒂部位膨大,而靠近果梗部较细,呈葫芦状;瓜的横径大于纵径,呈扁平状;果实发育不平衡,一侧发育正常,而另一侧发育不正常,呈偏头状。

【发生原因】　①西瓜在花芽分化期或雌花发育期遇低温形成畸形花进而发育成畸形瓜。②开花坐果期遇高温、干旱,花粉萌发率降低,致使授粉受精不良;果实膨大期肥水供应不足或偏施氮肥,致使土壤中氮、磷、钾失衡。③留瓜节位过低或过高,影响营养物质对果实的供应。④人工授粉技术失误,造成偏斜授粉。⑤病虫危害特别是病毒危害等均可导致畸形瓜的形成。西瓜在花芽分化阶段,如养分和水分供应不均衡,将影响花芽分化;花芽发育时,土壤供应或子房吸收的锰、钙等矿质元素不足;在干旱条件下坐瓜以及授粉不均匀等,均易产生畸形果。

【防治措施】　①加强苗期管理,避免西瓜花芽分化期(2~3片真叶)受低温影响。②控制坐瓜部位,在第二至第三朵雌花留瓜。③采取人工辅助授粉,每天上午 7 时 30 分至 9 时 30 分用刚开放的雄花涂抹雌花,尽量用异株授粉或用多个雄花给一朵雌花授粉。授粉量大、涂抹均匀有利于瓜形周正。④适期追肥,防止生产中脱肥。在 70%的西瓜长到鸡蛋大小时,及时浇膨瓜水和施膨瓜肥。注意施磷、钾肥,少施氮肥,以控制植株徒长,促使光合作用同化养分在植株体内的正常运转。⑤防止瓜蝇等害虫为害。

(十六)西瓜空洞果

【主要症状】　西瓜果肉开裂形成缝隙空洞,分为横断空洞果和纵断空洞果两种。从西瓜果实的横切面上观察,从中心沿子房心室裂开后出现的空洞果是横断空洞果;从纵切面上看,在西瓜长种子部位开裂的果实属纵断空洞果。空洞果瓜皮厚,表皮有纵沟,糖度偏高。

【发生原因】 ①遇干旱或低温时,西瓜内部养分供应不足,种子周围不能自然膨大。后期若遇到长时间高温,果皮继续生长发育,形成横断空洞果;②在果实成熟期,如果浇水过多,种子周围已成熟,而另一部分果肉组织还在继续发育,由于发育不均衡,就会形成纵断空洞果。

【防治措施】 ①加强田间管理,注意保温,使其在适宜的温度条件下坐果及膨大。在低温、肥料不足、光照较弱等不良条件下,可适当推迟留瓜,采用高节位留瓜。②坐果后及时整枝,对于一般品种可采用"一主二侧"三蔓整枝法,在瓜膨大期停止整枝。同时疏掉病瓜、多余瓜,调整坐果数。③肥水管理要均衡,可用 0.3% 磷酸二氢钾溶液作叶面喷施。

(十七)西瓜紫瓤瓜

【主要症状】 肉质恶变,又称果肉溃烂病。果肉呈水渍状,紫红色至黑褐色,发病严重时种子四周的果肉变紫溃烂,失去食用价值。

【发生原因】 ①果实长时间受到高温和阳光照射,致使养分、水分的吸收和运转受阻。②持续阴雨天后突然转晴,或土壤忽干忽湿,水分变化剧烈,植株产生生理障碍时发病重。③西瓜后期脱肥,植株早衰。④出现叶烧病、病毒病的植株易产生肉质恶变果。

【防治措施】 ①深翻瓜地,多施有机肥,保持土壤良好的通气性。②叶面喷施 0.3% 磷酸二氢钾溶液,每 7～10 天喷 1 次,连喷 2～3 次,防止植株早衰。③夏季高温阳光直射的天气,叶面积不足造成西瓜果实裸露时,要用草苫遮盖果实。④喷施 25% 高效氟氯氰菊酯乳油 2 000 倍液,控制蚜虫迁飞,减轻病毒病的发生。已发生病毒病的地块,可喷施植病灵(有效成分为三十烷醇、十二烷基硫酸钠和硫酸铜)乳剂 1 000 倍液进行防治。⑤不整枝或少整枝。

(十八)西瓜脐腐果

【症　状】　西瓜顶部凹陷,变为黑褐色;后期湿度大时,遇腐生霉菌寄生会出现黑色霉状物。

【发生原因】　在天气长期干旱的情况下,果实膨大期水分、养分供应失调,叶片与果实争夺养分,导致果实脐部大量失水,使其生长发育受阻;或由于氮肥过多,导致西瓜吸收钙素受阻,使脐部细胞生理紊乱,失去控制水分的能力;或施用激素类药物干扰了瓜果的正常发育,均易产生脐腐病。

【防治措施】　①深耕土壤,多施腐熟有机肥,促进保墒。②均衡供应肥水。③对西瓜叶面喷施 1‰ 过磷酸钙溶液,每 15 天喷 1 次,连喷 2～3 次。

(十九)西瓜粗蔓

【主要症状】　从甩蔓到瓜胎坐住后并开始膨大期间均可发生,以瓜蔓伸长约 80 厘米以后发生较为普遍。发病后距生长点 8～10 厘米处瓜蔓显著变粗,顶端粗如大拇指且上翘,变粗处瓜蔓脆易折断纵裂,并溢出少许黄褐色汁液,生长受阻。以后叶片小而皱缩,近似病毒病。该病影响西瓜的正常生长,不易坐果。

【发生原因】　肥料和水分过多,偏施氮肥,浇水量过大;或田间土壤含水量过高,温度忽高忽低,土壤缺硼、锌等微量元素。植株营养过剩,营养生长过于旺盛,致使生殖生长受到抑制,植株不能及时坐果。

【防治方法】　①选用抗逆性强的品种。据田间观察,早熟品种易发生西瓜粗蔓,中晚熟品种发生轻或不发生,可选种中晚熟品种。②加强苗期管理,培育壮苗,定植无病壮苗。③采用配方施肥,平衡施肥,增施腐熟有机肥和硼、锌等微肥,调节养分平衡,以满足西瓜生长对各种营养元素的需要。④加强田间管理,对日光温室等保护地加强温、湿度管理,加强通风,使温室内充分见光,促使植株健壮生长。⑤症状发生后,用50%异菌脲可湿性粉剂1 500倍液＋0.3%～0.5%硼砂2.85%硝·萘酸水剂6 000倍液喷雾,或用50%异菌脲可湿性粉剂1 500倍液＋0.3%～0.5%硼砂＋尿素喷雾,每4～5天喷1次,连喷2次,防治效果明显。

(二十)西瓜裂瓜

【症　状】　西瓜开裂。

【发生原因】　①肥水因素。结瓜期果实的供水量骤然变化,如久旱遇雨或久旱后突然浇大水,西瓜吸水后瓜瓤体积增大过快,瓜皮的生长速度跟不上瓜瓤的生长速度而被胀裂。缺钙、缺镁的地块也易裂瓜。②温度原因。久阴乍晴时由于温度上升太快太高也会引起裂瓜。温室栽培夜温低或白天通风换气时进入冷风后,西瓜果皮变硬,这时灌水易造成裂瓜。③物理因素。果实遭到碰撞、挤压、虫害、草害等伤害时也容易发生裂瓜。④品种原因。果皮过薄或过脆的品种、小果型品种易裂瓜。圆形西瓜比椭圆形西瓜易裂瓜,椭圆形西瓜又比长椭圆形西瓜易裂瓜。在同一品种中,瓜梗粗而短的比瓜梗细而长的易裂瓜。

【预防措施】　①选好品种。选用果皮韧性大、不易裂瓜的西瓜品种。夏季栽培小果型西瓜可选择黑美人等。②合理浇水。在施足基肥和底水的基础上,尽量少施肥,少浇水。需要浇水时应浇小水,不可大水漫灌。切忌土壤忽干忽湿,采收前5～7天不能浇水。高温期应在清晨或傍晚地温低时浇水,不要在温度较高的中午浇水,雨后要及时排水。③合理施肥。在西瓜发育前期肥水不足时要逐步进行补充,追肥时先进行叶面喷施,再进行根部追肥和浇水。增施磷、钾肥有利于增强瓜皮韧性,减少裂瓜。④避雨栽培。夏季雨水多,为防止雨水进入瓜田或暴雨冲击露地瓜果而引起裂瓜,最好实行全期覆盖避雨栽培。采用地膜覆盖和秸秆覆盖栽培,防止土壤水分剧烈变化。⑤喷洒激素防裂瓜。在西瓜生长初期,用1 000毫克/千克的比久(丁酰肼)或200～500毫克/千克助长素进行果面喷雾处理;或用15毫克/千克吲哚乙酸、15毫克/千克赤霉素、30毫克/千克萘乙酸或8毫克/千克细胞激动素,以及其混合液,在花后每7天喷洒瓜面1次,可防止裂瓜。⑥"插针截流"。即在沟灌或大雨之前,用竹片削成两根直径为瓜蔓直径1/3的竹针,互为垂直地插入瓜把,以控制养分过多流入果实,防止营养过剩而裂瓜。

(二十一)西瓜雌花节位高

【症　状】　雌花少,雄花多,且雌花着生节位高。

【发生原因】　西瓜生长前期遇高温高湿会造成雌花少,雄花多,且雌花着生节位高。从生理上讲,西瓜从有2片真叶后,随着叶片的长出和茎蔓的生长,在一定节位后陆续分化、发芽,并逐渐发育成雄花和雌花。而雌花形成的节位则受品种、气候和栽培条件的影响,其中温度、湿度、光照、激素类药物对花器形成影响最大。西瓜达6～8片真叶时,即进入结瓜雌花分化期,所以这段时间环境条件的优劣,将直接影响雌花的着生节位。①温度条件。温度与西瓜雄花的发育成正比而与雌花的发育成反比,也就是说,温度越高,出现的雄花越多,而雌花越少。温度较低时,有利于雌花的发育,且第一朵雌花着生节位低。特别是夜间温度对西瓜性型分化起决定性作用:夜间温度低,有利于雌花的发育;夜间温度高,有利于雄花的发育,昼夜高温可减少和推迟雌花的发生。当白天温度为20℃、夜间温度为13℃时,第一朵雌花的节位一般在9～10节,以后每隔4～5节出现一朵雌花。若白天温度为27℃、夜间温度为22℃时,第一朵雌花的节位就会延长到20节,雌花间隔的节位在 6～7 节。白天适宜的温度应为 20℃～22℃,夜间为13℃～15℃。光照对西瓜花芽分化影响不大,但短日照有利于雌花的发育,长日照有利于雄花的发育。②湿度条件。空气湿度和土壤湿度均对西瓜发芽分化及花器形成有一定影响。当空气湿度较高时,发芽分化形成早,且有利于雄花的形成。当土壤水分过多,将使西瓜根压升高,细胞原生质胶体过度膨胀而致使呼吸氧化过程加强,因而不利于花芽分化和雌花的形成。只有适宜的空气湿度和土壤水分才有利于花芽分化和雌花形成。适宜的田间湿度为 60%。③激素。激素类物质能影响植物体内的生物化学变化,因而直接影响到西瓜的花芽分化,用 30～100 毫克/千克赤霉素溶液喷施西瓜叶片或生长点,有促进雄花的发育、抑制雌花发生的作用。乙烯类激素是一种生理活性很强的激素,一旦被作物吸收,既可抑制雄花的发育,也可抑制雌花的发育,同时也可抑制主蔓的生长。因此,在坐果前期,不能施用带激素性的叶面肥料。

【预防措施】 一般来说,大果型西瓜品种的坐果节位应在主蔓 30 节内,中果型西瓜品种应在主蔓 25 节内,小果型西瓜品种应在主蔓 20 节内,如超过了此节位,必须采取相应措施减少损失。主要有以下两项措施:①看秧蔓长势继续授粉。如雌花开放节位离生长点有 70 厘米的距离,说明此瓜还可以继续授粉,并能长大;反之,西瓜难以成活或出现畸形瓜。如栽培密度稀,藤不拥挤,叶不搭叶,坐果节位可以延长,可继续授粉。②割蔓留孙,继续长蔓坐瓜。对栽培密度大、蔓特别长的瓜苗(超过 30 节以上),必须采取割蔓留孙的办法,让其继续结瓜。具体方法是:在离苑部 30 厘米处,把原有茎蔓割掉,经 5～7 天留两条健壮的侧蔓,追一次速效性肥料,全面喷一次 40%百菌清 600～800 倍液,促使瓜苗稳健生长。待雌花出现时,再进行人工授粉。这种方法比原来可能要晚收瓜 20 天左右。割蔓必须在晴天进行,要将割掉的茎叶及时带出瓜田。

(二十二)西瓜坐果难

【症　状】　西瓜坐果率低。

【发生原因】　①育苗期温度管理不当。西瓜的花芽分化在苗期即基本完成,2片真叶展平时,主蔓第一朵雌花开始分化;5片真叶展平时,主蔓第三朵雌花已经分化完成。育苗期如温度管理不当造成不正常的雌、雄花分化比例是坐果率低的原因之一。雌花分化时,白天最适宜的温度为 20℃～22℃,夜间为 13℃～18℃。如温度过低,秧苗生长缓慢,会出现僵苗;温度过高,雌花花芽分化速度不及叶片分化速度而使雌花节位偏高,或花原基向雄花花芽方向分化,不能及时形成有效雌花。②营养生长与生殖生长的矛盾。开花坐果期是营养生长和生殖生长共存期,并由营养生长为主向生殖生长为主转变。伸蔓期如果营养供应过剩,瓜苗旺长,顶端优势过强,到开花、坐果时不能完成由营养生长为主向生殖生长为主转变,雌花质量差,竞争养料能力差,授粉受精后幼果不膨大或发育缓慢,造成化瓜,也是造成坐果率低的原因之一。③雄花质量差。西瓜是雌雄异花同株为主,异花的作物,一般不具备单雌结实的能力,只有雄花花粉落到雌花柱头上萌发,完成双受精作用,不断产生生长素,瓜胎才能持续膨大长成果实。日光温室吊蔓栽培西瓜多为较早熟品种,这类品种耐低温、弱光能力一般,在日光温室种植时普遍存在雄花出现迟、数量少、无花粉或花粉量少且活力低的缺陷,不能满足所有雌花授粉、受精、膨瓜的需求。④开花坐果时外界自然条件不利。雄花花粉最适宜的发芽温度是 25℃左右。开花坐果期如遇到低温、高温、干旱或连阴雨无光照、空气相对湿度过低或过高等不利条件,也可能造成花粉活力差,雌花受精能力降低而造成坐果困难。另外,在连阴雨或严重遮荫、温度过高或偏低等条件下,光合作用差,光合同化物少,净同化率低,受精后的幼果也会因"饥饿"而化瓜,这也是坐果率低的原因之一。

【解决途径】 ①把好育苗关。育苗时创造有利于西瓜花芽分化、培育壮苗的环境条件。子叶出土后,苗床内白天温度应控制在20℃～25℃,夜间保持在13℃～18℃,这样既有利于花芽分化和低节位形成正常的雌花和雄花,也可避免高脚苗或老僵苗。注意保持充足的光照;营养土的营养要适当,氮肥不宜太多,氮、磷、钾及微量元素达到营养平衡,才能育出壮苗。②伸蔓后期要适当控制肥水。西瓜第一朵雌花一般在伸蔓后30天左右开放,为使营养生长顺利向生殖生长转化,伸蔓后20天左右应开始控制肥水,同时结合整枝,使瓜秧壮而不旺,形成肥大、充实、竞争养分能力强的高素质雌花,以提高坐果率。③选择适宜日光温室栽培的品种。选择日光温室保护地专用型极早熟西瓜品种——耐低温、弱光品种,或种植一定比例的极早熟西瓜用以提供花粉。④创造有利的坐果环境。开花坐果时,温室内温度应控制在22℃～30℃,空气相对湿度在80%～95%,光照充足,以利于完成授粉作用,提高坐果率。如温室内温度高于35℃或低于15℃、湿度低于50%或达到饱和的空气相对湿度,对花粉的萌发会产生严重的障碍或抑制作用,要尽可能地避免。⑤人工辅助授粉后,用激素处理子房能明显提高坐果率。生产上为提高西瓜坐果率,最常用的激素是坐果灵,其他如KT-30(吡效隆)、防落素等作用机理与坐果灵基本相同或相似,均能提高坐果率,但一定要与人工有效辅助授粉相结合。总之,日光温室西瓜坐果难既有品种选择方面的原因,也有栽培管理不当的原因,还有环境条件影响的原因,因此,只要选对品种,管理措施得力,就能趋利避害,提高西瓜的坐果率。

(二十三)西瓜落花落果

【症　状】 西瓜的花、幼果脱落。

【发生原因】 西瓜在开花坐果期和果实发育期对温度、湿度和光照的要求比较严格。在25℃～30℃的适温条件下,西瓜坐果期为 4~6 天,这期间若环境条件不适宜,极易引起落花落果,其原因主要有以下几点:①没有完成授粉受精。西瓜属雌、雄异花虫媒花,如果在开花期遇到低温、阴雨等不利条件,就会影响正常授粉受精,引起落花落果。②光照不足。西瓜是强光照作物,具有较高的光饱和点(8 万勒克斯)与光补偿点(4 千勒克斯),若低温下出现光照不足,会严重影响植株所需光合产物的生成和供给,造成器官发育不良,植株生长势减弱,从而引起化瓜,这种情况在早春保护地栽培时易发生。③水分不足。开花结果期如水分不足,雌花子房发育受阻,也影响坐瓜。④氮肥偏多。在西瓜生长期间,尤其是开花结果期氮肥偏多,会引起营养生长过旺,生殖生长受到抑制,花果会由于营养不足而脱落。⑤温湿度过高、密度过大。西瓜在温度高、湿度大的保护地栽培条件下,有利于营养生长,使植株生长过盛,造成疯长;此外,植株密度大,光照不足,营养生长过旺,将影响生殖生长,所以不易坐瓜。

【防止措施】 ①在西瓜开花结果期,白天温室内温度要控制在 25℃~30℃,夜间不低于 15℃。②及时揭去日光温室草苫,尽可能延长光照时间,增加光照强度。③加强肥水管理。如果植株叶片浓绿肥厚,开花却不结果,须严格控制肥水,将瓜蔓捏扁,抑制植株疯长。如果植株瘦弱,叶片黄且薄,须增加肥水。④及时防治病虫害,加强通风,降低温室内湿度,定期施用农药,清除败落花瓣及病叶老叶,在西瓜果实顶端花瓣着生处涂抹一层多菌灵粉剂,可以防止病菌从此处侵入果实而造成脱落。⑤在西瓜初现花蕾时,每隔 10 天左右叶面喷施一次喷施宝等含硼叶面肥,防止因硼等微量元素不足,导致花果发育不良而落花落果。

(二十四)西瓜"空秧"

【症 状】 西瓜植株上没有坐住瓜。生产上一般每株西瓜只选留一个商品瓜,而西瓜又是单株产量较高的作物,因此"空秧"对西瓜产量的影响较大。

【发生原因】 空秧的原因主要是肥水管理不当,植株生长衰弱,花期低温或喷药,花期遇阴雨天、风害和日灼等。

【防止措施】 ①西瓜生长期间如果肥水管理不当,会使植株营养失调,茎叶发生徒长,造成落花或化瓜,降低坐瓜率。对于这样的温室,在肥水管理上要控制氮素化肥使用量,增加磷、钾肥,减少浇水次数,以协调营养生长和生殖生长,提高坐瓜率;对植株可采用强整枝、深埋蔓的办法,控制营养生长。也可在应选留的雌花出现后,隔1~2节捏尖或留5~7节打顶,截留养分向子房集中,提高子房素质,达到按要求坐瓜的目的。②对于发生植株生长衰弱的西瓜植株,可以在应选留的雌花出现时,即雌花在顶叶下能被识别出时,即适量追施部分氮素肥料,促使弱苗转为壮苗,提高坐瓜率。一般每株西瓜追施 25 克尿素或 50 克硫铵,或用 1:10 的发酵饼肥水或腐熟尿液单株穴施。施后浇水覆土。施肥穴应距植株 20~30 厘米。③西瓜开花期间,如果气温较低或温室追肥浇水和喷洒农药引起田间小气候的变化,影响昆虫传粉,也会降低坐瓜率。对这样的温室可进行人工辅助授粉,即在 6~8 时当西瓜花开放时,选择健壮植株上的雄花,连同花柄一起摘下,剥去花冠,用左手轻拿已开放的雌花子房基部的花柄,右手拿雄花,把花粉轻轻涂抹在雌花的柱头上。④幼瓜被强烈的阳光灼伤,也是影响坐瓜率的因素之一。为了防止阳光灼伤幼瓜,可用整枝时采下的茎蔓或杂草遮盖幼瓜,对保护幼瓜,防止出现畸形瓜和化瓜都有一定的作用。

(二十五)西瓜"疯秧"

【症 状】 西瓜"疯秧"多发生在伸蔓后期,表现为茎蔓生长速度加快,节间拉长,叶柄变得细长,叶片薄而狭窄,雌花出现延迟,长出的瓜纽小,极易化瓜。

【发生原因】　西瓜伸蔓期如果肥水管理不当以及基肥中氮肥用量过大,易导致茎叶生长过快,植株体内的营养物质难于向雌花或瓜纽上转移,使茎蔓越长越旺,而西瓜却坐不住,或导致西瓜发育不齐并严重降低产量。

【防治措施】　①控制坐瓜前追肥浇水的次数和数量。尤其要控制氮肥的施用量,最好从伸蔓后期至第二朵雌花开花前一段时间不再追肥,使茎叶生长不至于过旺。但对于长势较弱的品种,肥水控制一定要适度,以免引起坠秧。②通过夹蔓等措施限制茎蔓,或在小瓜前距生长点3～4个叶位处将瓜蔓捏扁,均能有效地抑制瓜蔓生长,促进坐瓜。③对于长势强的品种,减小种植密度。另外,在浇膨瓜水前1～2天喷洒缩节胺,可有效控制"疯秧",使瓜蔓壮而不旺。

(二十六)西瓜膨大慢

【症　状】　果实膨大速度慢。

【主要原因】　西瓜果实膨大慢主要有以下3个原因:①低温。幼瓜褪毛后温度过低,会使细胞的膨大速度变慢,从而影响果实的膨大速度。②膨果期缺水缺肥所致。西瓜进入膨果期以后,需水需肥量增多,若此时不及时供水供肥,西瓜得不到足够的水分、养分,导致生长受到抑制,膨瓜较慢。③瓜蔓生长过旺所致。西瓜营养生长过旺,势必导致生殖生长受到抑制,即西瓜膨大时得不到充足的营养,导致西瓜膨大慢,甚至会无法继续膨大而产生僵瓜。④瓜蔓生长和植株营养生长过弱,叶片光合作用制造的养分少,果实生长所需的营养供应不足,造成瓜膨大缓慢。⑤病虫害和机械损伤的影响。由于病虫害或碰伤、踩伤、冰雹袭击等机械损伤伤害瓜蔓时,影响其健壮生长,使瓜膨大缓慢甚至无法继续膨大。

【防止措施】　①西瓜膨大期日光温室内夜间温度保持在16℃～18℃,最低不能低于12℃,以满足膨瓜需要。②科学管理。

防止植株生长异常，或因肥水供应不足而导致幼瓜生长缓慢，及时加强肥水供应；因瓜蔓徒长造成的幼瓜生长缓慢，可采取摘心、捏茎或叶面喷洒矮壮素、多效唑、烯效唑等生长抑制剂，抑制瓜蔓徒长。③及时防治病虫害，并尽量避免机械损伤，保证幼瓜生长不受影响。④可喷施西瓜素、细胞分裂素等营养液，促进幼瓜生长。

（二十七）西瓜开花坐瓜期蔓叶衰弱

【症　状】　西瓜开花坐瓜期间，出现瓜蔓停止伸长、叶片萎缩不长、花过早凋谢、幼嫩的小叶皱卷不舒等衰弱现象，有的甚至叶干蔓枯而死。

【发生原因】　①植株营养不良。当植株遇到低温、弱光或过早地结瓜，使体内养分消耗过多，造成入不敷出，植株内部便可发生不同器官、不同部位之间的养分争夺，最终导致全株生长衰弱。②根系生理障碍：由于水、气等条件失常，使土壤中有害物质积累过多，引起植株根系发生生理性障碍。危害严重时，可使整个根系变褐、腐烂，完全丧失吸收能力，从而造成整株死亡。③肥水严重不足。西瓜开花坐瓜时，正是需要大量营养物质和水分的时候，这时如果遇到干旱、脱肥等情况，植株多表现瘦弱，叶片萎缩而单薄，花冠个小而色淡；子房呈圆球形，瘦小不堪；瓜蔓顶端变为细小的蛇头状，下垂而不伸展；基部叶片开始变黄，新生叶迟迟不出，整个植株未老先衰。④某些病菌危害。当西瓜根系或茎蔓感染某些病菌后，也会出现蔓叶衰弱甚至死亡现象。例如，瓜蔓基部发生枯萎病后，由于镰刀菌侵染导管系统，造成输导组织坏死、堵塞，水分和矿物质无法由根部运往地上部的蔓叶处，使地上部分发生萎蔫以至干枯死亡。此外，蔓枯病、急性细菌性凋萎病、病毒病等，也能造成植株急剧衰弱甚至死亡。

【防止措施】　要想防止蔓叶衰弱和死秧，必须分别采用相应的措施加以防治。如早期栽培中加强湿度、光照等管理，并勿使过早地结瓜;加强肥水管理,及时采取防治病虫害、改善土壤条件等措施,均能防止蔓叶衰弱和死亡。

(二十八)西瓜早衰

【症　状】　西瓜尚未达到膨大盛期,植株就过早地表现出生长缓慢,茎节变短,瓜蔓变细,叶片变小,基部叶显著衰弱。

【发生原因】　西瓜早衰的原因有以下3个:①肥水供应不足或不及时,往往造成植株早衰。②根系发育不良或遭受某些病虫危害时,也往往造成植株早衰。③整枝过重或单株留瓜较多,也是造成植株早衰的原因。

【防止措施】　①加强肥水管理。肥料应以速效氮肥为主,采用地下根部追肥和地上叶面喷肥液相配合的施用方法,但肥料用量要慎重,防止发生肥害。追施尿素时,每株根部施25～30克,每667平方米叶面喷洒0.3%尿素或磷酸二氢钾水溶液70～80千克,折合施用尿素或磷酸二氢钾0.21～0.24千克。②提高根系的吸收机能。如发现根部土壤中有线虫或金针虫,根系有被害症状,应立即用50%辛硫磷乳油2 500～3 000倍液灌根,每株灌200～250毫升。如果发现根系发育不良,细根由白变黄,根毛稀少,甚至整个根系变褐,细根腐烂等,是由于根部土壤中水、气、温等条件失常(例如地温过低),引起根系发生生理性病害,这时要加强中耕松土,使根部土壤疏松,通气良好,根系的吸收机能就能很快得到改善。③合理整枝留瓜。西瓜的营养生长与生殖生长是相辅相成的,蔓叶的良好生长是花和瓜生长的基础,要达到高产,需有一定的叶面积。如果整枝过多或单件留瓜较多,就会大大地削弱营养生长。因此,合理的整枝和留瓜,保持较大的营养面积,是防止植株早衰,获得西瓜高产的关键。

金盾版图书，科学实用，
通俗易懂，物美价廉，欢迎选购